工业和信息化高职高专"十三五"规划教材立项项目

高等职业院校信息技术应用"十三五"规划教材

Technical And Vocational Education

高职高专计算机系列

信息技术及素养实训教程

黄朝阳 ◎ 主　编

陈金木 ◎ 副主编

U0300343

人民邮电出版社

北　京

图书在版编目（CIP）数据

信息技术及素养实训教程 / 黄朝阳主编. -- 北京：
人民邮电出版社，2020.3（2024.2重印）
高等职业院校信息技术应用"十三五"规划教材
ISBN 978-7-115-53186-5

Ⅰ. ①信… Ⅱ. ①黄… Ⅲ. ①电子计算机－高等职业
教育－教材 Ⅳ. ①TP3

中国版本图书馆CIP数据核字（2019）第291660号

内 容 提 要

本书根据信息技术及素养课程标准要求编写，紧扣全国计算机等级考试一级考试最新考试大纲，详细介绍了 Windows 7 系统基本操作，实用工具软件的使用，常用办公自动化软件 Office 2010 的文字处理软件、电子表格处理软件和演示文稿软件的使用，以及安全密码的基础知识和相关设置等内容。

本书以任务为驱动，着力培养读者的信息技术应用能力。全书案例丰富，各项目均配有相应的实训素材及丰富的教学资源。本书既可以作为本科院校、职业院校信息技术及素养课程的实训教材，也可作为全国计算机等级考试一级考试的培训教材，还可供广大计算机爱好者学习和参考。

- ♦ 主　　编　黄朝阳
  副 主 编　陈金木
  责任编辑　侯潇雨
  责任印制　王 郁　马振武
- ♦ 人民邮电出版社出版发行　北京市丰台区成寿寺路11号
  邮编　100164　电子邮件　315@ptpress.com.cn
  网址　http://www.ptpress.com.cn
  固安县铭成印刷有限公司印刷
- ♦ 开本：787×1092　1/16
  印张：15.25　　　　　　　2020年3月第1版
  字数：311千字　　　　2024年2月河北第11次印刷

定价：48.00元

读者服务热线：(010)81055256　印装质量热线：(010)81055316
反盗版热线：(010)81055315
广告经营许可证：京东市监广登字20170147号

PREFACE   前　言

当今是信息技术飞速发展的时代。信息技术应用能力是当代大学生的必备能力。"信息技术及素养"是一门实践性较强、知识点较多的必修公共基础课程。本书以"理论够用、突出实践，项目教学、任务驱动"为指导思想，着重体现该课程实践性强的特点。

全书的编写以提升大学生信息技术应用能力及素养为第一要务，选材实用，编排新颖，实例生动，并通过大量图解及详细的操作步骤，深入浅出地讲解知识点，使学生易学、易懂、易用。全书使用项目任务式的形式编写，共有 7 个项目：项目 1 介绍Windows 7 操作系统的基础操作；项目 2 介绍实用工具软件应用；项目 3 介绍常用的信息检索操作与互联网应用；项目 4~6 介绍办公自动化软件 Office 2010 的文字处理软件、电子表格处理软件和演示文稿软件的常用操作；项目 7 介绍密码基础知识及安全密码的设置。

本书的编写着力于培养学生的信息技术应用能力，使学生在了解信息技术基础知识、掌握信息技术的基本技能的基础上，能熟练进行 Windows 操作系统、办公自动化、信息检索、安全密码设置及实用工具软件的各项操作，着重培养学生使用信息技术获取新知识、解决实际问题的思维和方法，以满足和适应信息化社会对大学生基本素质的要求，为学生更好地适应信息化社会的学习和生活打下基础，并让学生能在各自的专业领域自主地应用信息技术进行持续学习。此外，本书配有任务素材、参考答案、操作习题素材等教学资源。

本书由黄朝阳担任主编，负责全书的策划和整体设计，编写项目 1、项目 4、项目 5、项目 7 共约 23 万字，并对全书进行统稿和质量把关。陈金木担任副主编，负责编写项目 2、项目 3、项目 6。在编写过程中，编者参考了较多的文献资料，部分内容取材于编者多年积累的教学资料，在此一并对相关作者致以诚挚的谢意！郭键、谢世煊、陈少英、罗少兰、黄丽冰、郑杰辉及厦门海洋职业技术学院信息技术系各位同仁对本书的编写提出了许多宝贵意见，在此表示衷心的感谢！

由于时间仓促，且编者水平有限，本书难免有疏漏和不足之处，敬请广大读者不吝赐教和批评指正。

编者

2020 年 2 月

CONTENTS
目 录

项目 1
Windows 应用基础及指法练习

实训目的：

1. 掌握 Windows 7 的基本操作与常用设置；
2. 掌握 Windows 7 中文件及文件夹的基本操作；
3. 熟悉键盘与规范指法，学会输入特殊符号。

实训内容：

1. 通过任务 1.1，学习正确启动、关闭计算机，使用任务管理器，使用控制面板进行系统设置的基本操作；
2. 通过任务 1.2，学会 Windows 7 操作系统中的文件及文件夹的基本操作；
3. 通过任务 1.3，学习标准键盘的使用，掌握汉字及特殊符号的输入方法。

任务 1.1　Windows 7 基本操作与常用设置

在 Windows 7 操作系统中，按以下要求进行操作。

1. 启动计算机

任务布置：启动计算机电源，学习桌面图标的功能。

任务实施：

（1）开启计算机电源，Windows 系统会执行硬件测试，即自检，屏幕显示自检信息，自检无误后即开始引导系统。启动成功后，屏幕上出现 Windows 的桌面。它是 Windows 提供的操作环境界面。

（2）Windows 7 桌面上的重要图标有以下几个。

计算机：计算机可进行磁盘管理、文件管理、软硬件配置和打印机管理等操作。

我的文档：包含 Office 文档、My Picture、My Music 等默认文件夹。

回收站：存储已删除的文件和文件夹，用户误删除的文件可恢复和还原（注：U 盘、移动硬盘等可移动存储设备中的文件若被删除则不放入回收站而被直接删除，如确实需要恢复，可借助专用工具软件或向专业技术人员求助，但不确保能成功）。

网络：可访问连接在网络中的其他计算机资源和对网络进行配置。

任务栏：桌面底部的长条菜单，包含【开始】图标、已打开的应用程序图标、打开的窗口图标、时间状态、输入法指示器、音量控制器等。

【开始】图标：可快速执行 Windows 应用程序或命令的分类选择菜单，其中包括对计算机进行各种设置的常用入口控制面板。

控制面板：可查看并操作基本的系统设置，比如添加/删除软件，控制用户账户，更改辅助功能选项等。

2. 关闭计算机

任务布置：学习关闭计算机的几种方式，掌握实际应用场景和操作要领。

任务实施:

(1)正常关机是最传统的关机方式,操作系统在执行关机操作的时候,会退出所有程序,停止一切硬件操作,然后关闭电源。正常关机的特点是文件不丢失,计算机不受损坏,同时比较环保节能。Windows 7 系统以下的计算机关机操作和按下电源按钮(接入电源时)都是硬关机。在这种关机方式下,计算机会断电,若重新开启计算机,操作系统会重新读取系统文件。

实际应用:如果长时间不使用计算机,可以选择正常关机,节能环保。

(2)休眠是"关机"的另一种模式,原理是在执行休眠时,内存中当前操作系统正在运行的程序和数据会被全部写入硬盘的休眠文件"hiberfil.sys"中,此时要求 C 盘有足够大的可用存储空间来执行这一操作。所需 C 盘存储空间的大小一般与物理内存的大小相当。计算机执行休眠后,中央处理器、内存、硬盘等都不会工作,等同于断电关机,不再消耗电能。一旦再次开机,计算机加载信息时就会读取被写入硬盘的休眠文件,调取休眠前保存的状态,实现快速开机(启动自检等流程照旧)。简单来说就是计算机在休眠前是什么状态,再次开机后就是什么状态,包括打开的网页、运行的程序等。但是计算机不能长时间反复地执行休眠操作,比如持续一个月。这样会造成计算机内存的碎片越来越多,计算机的运行速度会变得越来越慢。若出现这种情况,用户可以尝试执行一次正常关机方式,即可解决问题。

实际应用:有事情要长时间离开计算机时,比如工作到深夜该休息了,同时又希望再次回到计算机前时能方便地继续前面一系列的工作,就可以采用休眠的方式关闭计算机。

(3)睡眠:睡眠状态下的计算机还在少量地消耗电能,此时不能把计算机的电源断开,系统将持续给内存供电,暂存睡眠前的信息状态。一旦对计算机进行唤醒"开机",计算机将跳过自检和系统加载的过程,直接恢复到睡眠前的状态。睡眠和休眠的区别在于,计算机的电源和内存还在持续工作,其他部分则停止供电进入休眠状态。简单来说就是计算机在睡眠前是什么状态,唤醒"开机"后就是什么状态,包括打开的网页、运行的程序等,这个优点与休眠相同。睡眠的好处是进入睡眠和唤醒"开机"的速度极快,缺点是相比休眠要耗电一些。

实际应用:因为内存尚未断电,所以动一下键盘,就能很快唤醒系统,比较适合临时离开计算机时使用,这样回来时可以立即唤醒计算机,进入工作状态。

开启休眠或睡眠功能的操作步骤如下。

① 单击桌面左下角的【开始】图标,选择【控制面板】,打开【控制面板】对话框。

② 在【控制面板】对话框的右上角,可以根据个人使用习惯,通过【类别】按钮的下拉列表选择"类别""大图标""小图标",来改变控制面板中各项目的显示布局,这里选择"大图标"选项,如图 1-1 所示。

图 1-1 | 【控制面板】对话框的【类别】下拉列表

③ 选择【电源选项】，如图 1-2 所示；打开【电源选项】界面，选择【平衡】—【更改计划设置】—【更改高级电源设置】，打开【电源选项】对话框。

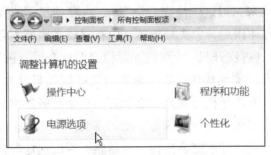

图 1-2 | 选择【控制面板】的【电源选项】

④ 在打开的【电源选项】对话框的【高级设置】选项卡中，展开【睡眠】项目，将【允许混合睡眠】设置为"打开"，如图 1-3 所示；还可以在此选项卡中设置自动休眠或自动睡眠的时间。

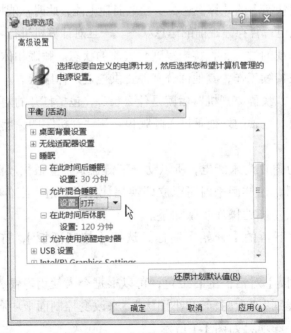

图 1-3 | 【电源选项】对话框的【高级设置】选项卡

⑤ 单击桌面左下角的【开始】图标，展开【关机】按钮右侧的菜单，即可看到【休眠】或【睡眠】命令，如图 1-4 所示。

图 1-4 │【休眠】或【睡眠】命令

（4）强制关机

计算机强制关机有两种方法，一种是找到计算机的电源键，强按电源键并保持数秒；另一种是强行拔掉电源。强制关机以切断计算机电源供应的方式实现关机，会在瞬间结束后台运行的程序及中央处理器、显卡等部件的工作。计算机突然断电或者频繁强制关机将对计算机造成伤害，可能会造成磁道损伤、数据丢失等。特别是使用机械硬盘时，计算机突然断电可能会使硬盘中的数据丢失，严重的还有可能导致不能读盘。所以不到万不得已，最好不要强制关机及突然断电。

3．与计算机关机相似的几种功能

任务布置：学习注销和重启模式及其实际应用场景。

任务实施：

（1）注销

注销就是把一个用户的账户信息关闭并保存，系统释放当前用户所使用的所有资源，清除当前用户对系统的所有状态设置。注销不可以替代重新启动，只可以清空当前用户的缓存空间和注册表信息。

实际应用：比较适合多用户系统，可以很方便地在多用户之间切换。有一点需要注意，很多操作需要重启计算机才会生效，有时候使用注销是无效的（一定要关闭、重启计算机才会生效）。

（2）重启

重启是应用比较广的操作模式，尤其是在更新补丁、更新驱动程序之后，都会有重启生效的确认，甚至操作系统可能会自行完成重启操作。

4．任务管理器相关操作

任务布置：有些时候，运行中的某些应用程序突然失去响应，同时鼠标、键盘也失去响应，无法关闭应用程序，系统处于"卡死"状态。此时不要马上使用强制关机的处理方法，可以先尝试用 Windows 7 中的任务管理器来强制关闭应用程序，大多数情况下都可以解决该问题。下面通过任务管理器强制关闭应用程序。

任务实施：

（1）按住键盘上的【Ctrl+Alt+Delete】组合键之后，再选择【启动任务管理器】

选项。

（2）弹出【Windows 任务管理器】对话框，在【应用程序】选项卡中，用鼠标右键单击失去响应的程序，此处以 Word 程序失去响应为例，在展开的快捷菜单中选择【转到进程】命令，如图 1-5 所示。

图 1-5｜【Windows 任务管理器】对话框 1

（3）系统自动跳转到对话框的【进程】选项卡中，并已自动选取 Word 程序所对应的进程"WINWORD.EXE*32"；用鼠标右键单击此映像名称，在展开的快捷菜单中选择【结束进程树】命令，如图 1-6 所示，即可手动中止该进程，关闭没有反应的应用程序，进而使操作系统从"卡死"状态恢复正常。

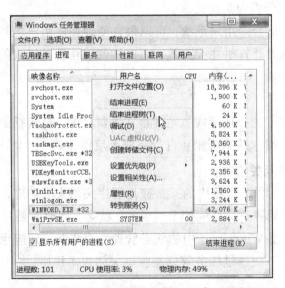

图 1-6｜【Windows 任务管理器】对话框 2

5. 控制面板

任务布置：控制面板是 Windows 图形用户界面的一部分，可通过【开始】菜单访问。它允许用户查看并操作基本的系统设置，如电源管理、卸载或更改程序、外观和个性化设置、网络和 Internet 设置等。下面以向系统中添加新输入法为例，说明控制面板的使用操作。

任务实施：

（1）单击桌面左下角的【开始】图标，选择【控制面板】，打开【控制面板】对话框。

（2）在默认界面下，选择【时钟、语言和区域】—【更改键盘或其他输入法】选项，如图 1-7 所示。

图 1-7 | 选择【控制面板】的【更改键盘或其他输入法】选项

（3）在打开的【区域和语言】的【键盘和语言】选项卡中，单击【更改键盘】按钮；在打开的【文本服务和输入语言】的【常规】选项卡中，单击【添加】按钮，如图 1-8 所示；在打开的【添加输入语言】对话框中，找到并展开【中文（简体，中国）】—【键盘】，在展开的列表中选中【中文（简体）-搜狗拼音输入法】；连续单击【确定】按钮返回即可。此操作的前提条件是系统中已安装搜狗拼音输入法，否则就只能添加系统自带的输入法，如"微软拼音 ABC"输入法。

（4）后续默认可以通过【Ctrl+Shift】组合键在不同的中文输入法之间进行切换，通过【Ctrl+Space】组合键在中英文输入法之间进行切换；也可以在【文本服务和输入语言】对话框的【高级键设置】选项卡中进行输入语言的热键的自定义设置。

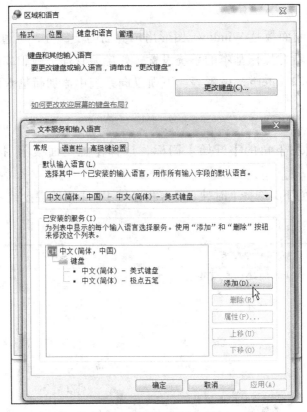

图 1-8 | 添加新输入法

 ## 任务 1.2 Windows 的文件系统及基本操作

打开"素材—任务 1.2"文件夹，进行以下操作。

1. 新建文件夹操作

任务布置：在"CCTVA"文件夹中新建"LEDER"文件夹。

任务实施：在"CCTVA"文件夹内的空白处单击鼠标右键，在弹出的快捷菜单中选择【新建】—【文件夹】命令，如图 1-9 所示；通过键盘输入文件夹的名称"LEDER"；最后按键盘上的【Enter】键返回。

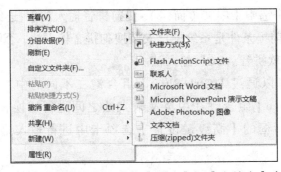

图 1-9 | 右键快捷菜单中的【新建】—【文件夹】命令

2. 文件的复制及重命名操作

任务布置：将 "BOP\YIN" 文件夹中的文件 "FILE.WRI" 复制到 "素材—任务 1.2" 文件夹下 "SHEET" 文件夹中，并将其重命名为 "TEST.WRI"。

任务实施：双击进入 "BOP\YIN" 文件夹，用鼠标右键单击其中的文件 "FILE.WRI"，在弹出的快捷菜单中选择【复制】命令，如图 1-10 所示；进入 "SHEET" 文件夹，在空白处单击鼠标右键，选择【粘贴】命令，如图 1-11 所示；用鼠标右键单击 "SHEET" 文件夹中的文件 "FILE.WRI"，在弹出的快捷菜单中选择【重命名】命令，如图 1-12 所示，通过键盘输入新文件名 "TEST.WRI"；最后按键盘的【Enter】键返回。

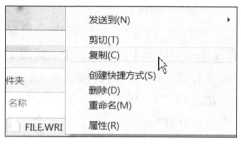

图 1-10｜右键快捷菜单中的【复制】命令

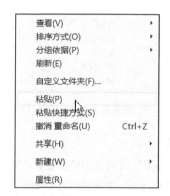

图 1-11｜右键快捷菜单中的【粘贴】命令

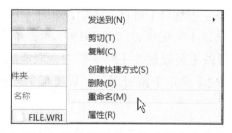

图 1-12｜右键快捷菜单中的【重命名】命令

注意事项如下。

（1）因不同的操作系统版本对文件名及扩展名的显示不太一致。所以，在对文件进行重命名之前，需要先观察原文件显示的是只有主文件名，还是含扩展名的全名。

（2）如果原文件显示的只是主文件名，那么在输入新文件名时，仅需输入新文件名的主文件名"TEST"即可，无须输入新文件名的全名"TEST.WRI"；如在原文件显示的只是主文件名的情况下，将新文件名输入为"TEST.WRI"，其实是将文件重命名为"TEST.WRI.WRI"，这样的操作是错误的。

（3）如果原文件名显示的是含扩展名的全名，那重命名时就需要输入新文件名的全名"TEST.WRI"。

3．文件的移动及重命名操作

任务布置：将"HIGER\YION"文件夹中的文件"TIME.BAT"移动到"SHEET"文件夹中，并将其重命名为"DATE.BAT"。

任务实施：双击进入"HIGER\YION"文件夹中，用鼠标右键单击其中的文件"TIME.BAT"，在弹出的快捷菜单中选择【剪切】命令，如图1-13所示；进入"SHEET"文件夹中，在空白处单击鼠标右键，在弹出的快捷菜单中选择【粘贴】命令；用鼠标右键单击"SHEET"文件夹中的文件"TIME.BAT"，在弹出的快捷菜单中选择【重命名】命令，通过键盘输入新文件名"DATE.BAT"；最后按键盘的【Enter】键返回。

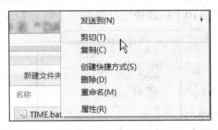

图 1-13 | 右键快捷菜单中的【剪切】命令

4．文件的属性设置操作

任务布置：将"FOREST\TREE"文件夹中的文件"leaf.jpg"设置为只读属性，并取消其"存档"属性。将"素材—任务1.2"文件夹下的文件"WORD.docx"设置为隐藏属性。

任务实施：双击进入"FOREST\TREE"文件夹中，用鼠标右键单击其中的文件"leaf.jpg"，在弹出的快捷菜单中选择【属性】命令，如图1-14所示；在打开的【leaf.jpg属性】对话框中，选中【只读】复选框，如图1-15所示；单击【leaf.jpg属性】对话框中的【高级】按钮，在打开的【高级属性】对话框中，取消选中【可以存档文件】复选框，如图1-16所示；按两次【确定】按钮返回。以类似的步骤完成对"WORD.docx"文件隐藏属性的设置。

图 1-14 | 右键快捷菜单中的【属性】命令

图 1-15 | 【leaf.jpg 属性】对话框

图 1-16 | 【高级属性】对话框

5. 文件的删除操作

任务布置：将"XEN\FISHER"文件夹中的文件"deleteIT.pptx"删除，将其中的隐藏文件夹"EAT-A"删除。

任务实施：

（1）双击进入"XEN\FISHER"文件夹中，用鼠标右键单击其中的文件"deleteIT. pptx"，在弹出的快捷菜单中选择【删除】命令，如图 1-17 所示。

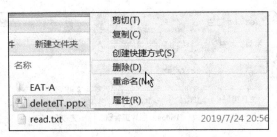

图 1-17 ｜ 右键快捷菜单中的【删除】命令

（2）双击进入"XEN\FISHER"文件夹中，此时是看不到隐藏文件夹"EAT-A"的，因为 Windows 7 系统默认不显示隐藏的文件或文件夹，所以需要先让隐藏的文件或文件夹显示出来。单击菜单栏的【工具】按钮，在下拉菜单中选择【文件夹选项】命令，如图 1-18 所示；打开【文件夹选项】对话框，单击【查看】标签，拖动垂直滚动条至中下部，在【隐藏文件和文件夹】选项下，选中【显示隐藏的文件、文件夹和驱动器】单选按钮，如图 1-19 所示，单击【确定】按钮返回。在【文件夹选项】对话框—【查看】选项卡—【隐藏文件和文件夹】选项下方还有另一个常用的选项【隐藏已知文件类型的扩展名】，请注意一起识记。在"XEN\FISHER"文件夹中，用鼠标右键单击其中的隐藏文件夹"EAT-A"，在弹出的快捷菜单中选择【删除】命令，如图 1-20 所示。

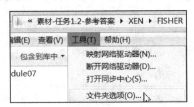

图 1-18 ｜【工具】下拉菜单中的【文件夹选项】命令

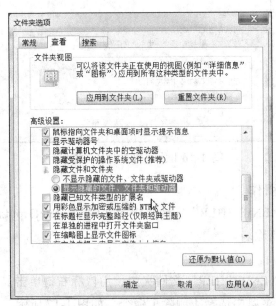

图 1-19 ｜ 选中【显示隐藏的文件、文件夹和驱动器】单选按钮

图 1-20｜右键快捷菜单中的【删除】命令

6．搜索文件及创建快捷方式

任务布置：搜索"素材—任务 1.2"文件夹中的以"ad"结尾的 Word 文件，为其建立一个名为"READ"的快捷方式，并把快捷方式放在"素材—任务 1.2"文件夹中。

任务实施：打开"素材—任务 1.2"文件夹，在窗口右上角的搜索框中输入"*ad.docx"（通配符号"*"可以代替任意长度的任意字符串，通配符号"#"可以代替单个任意的字符），即可自动搜索出以"ad"结尾的 Word 文件"read.docx"，如图 1-21 所示；用鼠标右键单击搜索出的文件"read.docx"，在弹出的快捷菜单中选择【创建快捷方式】命令，如图 1-22 所示，即可为文件"read.docx"创建同名的快捷方式；把新生成的快捷方式"read.docx"剪切，再粘贴到"素材—任务 1.2"文件夹的根目录下即可。

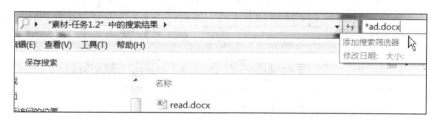

图 1-21｜使用窗口右上角的搜索框搜索文件

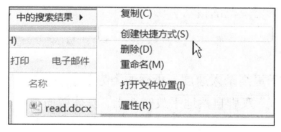

图 1-22｜右键快捷菜单中的【创建快捷方式】命令

 ## 任务 1.3　指法练习

1．键盘布局

任务布置：熟悉键盘布局。

任务实施：

标准计算机键盘主要的功能键介绍如下。

Esc：取消一次操作或者中止一个程序。

Tab：首行缩进 2 字符。

Caps lock：大小写切换键。

Shift+字母、数字、符号键：显示某个键位上方的内容。

Enter：回车键，可以转换至下一行。

Space：空格键，按下此键可输入一个空格。

Backspace：退格键，可删除光标前的一个字符。

Delete：删除键，可删除光标后的一个字符，或者删除选中的部分。

标准计算机键盘布局如图 1-23 所示。

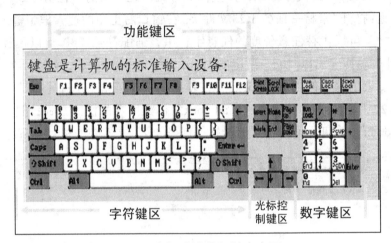

图 1-23｜标准计算机键盘布局

2．键盘打字规范

任务布置：练习掌握规范的指法。

任务实施：

（1）正确的姿势

正确的姿势有利于提高录入速度，正确的姿势要求如下。

坐如钟，腰背挺直，双脚自然地平放在地上，身体微向前倾，人体与键盘距离约为 20 厘米。

两肩放松，双臂自然下垂，肘与腰部距离 5～10 厘米，座椅高度以小臂与键盘桌面平行为宜。

手掌与手指呈弓形，手指略弯曲，轻放在基准键上，指尖轻轻触键，左右手大拇指轻放在空格键上，以大拇指外侧触空格键。

显示器一般放在键盘正后方，或稍偏右，输入的文稿放在键盘左侧，以便于阅读文稿和屏幕。

（2）规范化的指法

基准键共 8 个，左边 4 个是"ASDF"，右边 4 个是"JKL"与"；"。操作时，左手的四个手指依次放在左边的基准键 "ASDF" 上，右手的四个手指放在右边的基准键 "JKL；" 上。在每一次敲击其他键后，左右手指要回到基本键位以准备进行下一键的输入。

（3）指法练习

使用 "金山打字通" 等指法软件进行必要的指法规范化练习。

3. 智能 ABC 输入法

任务布置：练习使用智能 ABC 输入法，掌握全角/半角的区别。

任务实施：

智能 ABC 输入法有两种输入方式——"标准" 和 "双打" 方式，在汉字输入状态框中可实现两者的转换。

（1）智能 ABC "标准" 输入法

① 全拼输入。全拼输入法是按照规范的汉语拼音的顺序输入全部字母，可进行单字、词组输入。在输入词组时，可将词与词用空格或者标点 "'"（隔音符）隔开，进行适当断词，消除歧义。这时用户可以一直键入下去，按空格键，表示当前词组输入结束。例如输入词组 "职业技术学院"，如图 1-24 所示。

zhiye'jishu'xueyuan

图 1-24 | 输入 "职业技术学院"

② 简拼输入。如果对某些汉语拼音把握不甚准确，可以使用简拼输入。简拼输入法是键入各个音节的第一个字母，组成词组，对于包含 zh、ch、sh 这样的音节的字词，也可以取前两个字母。简拼输入法主要用于输入词组，例如下列一些词组。

词组	全拼输入	简拼输入
国家	guojia	gj
人民	renmin	rm

此外，在使用简拼输入法时，隔音符号可以用来排除编码的二义性。例如，若用简拼输入法输入 "中华"，简拼编码不能是 "zh"，因为它是复合声母，正确的输入应该使用隔音符 "'"，所以应该输入 "z'h"。

③ 混拼输入。智能 ABC 输入法支持混拼输入，也就是输入两个音节以上的词语时，有的音节可以用全拼编码，有的音节则可以用简拼编码。例如，输入 "计算机" 一词，其全拼编码是 "jisuanji"，也可以采用混拼编码 "jisj" 或 "jisji"。在使用混拼输入法时，也可以用隔音符号来排除编码的二义性。

④ 智能 ABC 输入法的快捷键如下。

- 中/英文输入法切换：Ctrl+Space
- 多种输入法之间切换：Ctrl+Shift
- 全角/半角之间切换：Shift+Space

- 中/英文标点切换：Ctrl+.

- 特殊符号的调用：打开智能 ABC 输入法，输入 V+1、V+2、V+3 等可以插入不同的符号。

⑤ 智能 ABC 输入法的工具条如图 1-25 所示。

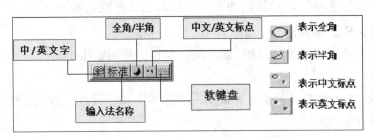

图 1-25 | 智能 ABC 输入法的工具条

（2）全角/半角的区别

全角模式下输入的符号为双字节，半角模式下输入的符号为单字节。例如，在不同方式下输入 happy everyday。

半角：happy everyday 　　（HAPPY EVERYDAY）

全角：ｈａｐｐｙ　ｅｖｅｒｙｄａｙ（ＨＡＰＰＹ　ＥＶＥＲＹＤＡＹ）

实训小结：

本项目通过 3 个实训任务，练习 Windows 7 操作系统的基本操作与常用设置，帮助学生掌握 Windows 7 中文件及文件夹的基本操作，并熟悉键盘与规范指法，为后续实训项目打下坚实的基础。

 操作习题

1. 打开文件夹"习题—01"，按要求完成如下操作。

（1）将文件夹下"COFF\JIN"文件夹中的文件"MONEY.TXT"设置成隐藏和只读属性。

（2）将文件夹下"DOSION"文件夹中的文件"HDLS.SEL"复制到同一文件夹中，将新文件命名为"AEUT.SEL"。

（3）在文件夹下"SORRY"文件夹中新建一个文件夹"WINBJ"。

（4）将文件夹下"WORD 2："文件夹中的文件"A-EXCEL.MAP"删除。

（5）将文件夹下"STORY"文件夹中的文件夹"ENGLISH"重命名为"CHUN"。

2. 打开文件夹"习题—02"，按要求完成如下操作。

（1）将文件夹下"LI\QIAN"文件夹中的文件夹"YANG"复制到文件夹下"WANG"文件夹中。

（2）将文件夹下"TIAN"文件夹中的文件"ARJ.EXP"设置成只读属性。

（3）在文件夹下"ZHAO"文件夹中建立一个名为"GIRL"的新文件夹。

（4）将文件夹下"SHEN\KANA"文件夹中的文件"BIAN.ARJ"移动到文件夹下"HAN"文件夹中，并重命名为"QULIU.ARJ"。

（5）将文件夹下"FANG"文件夹删除。

3. 打开文件夹"习题—03"，按要求完成如下操作。

（1）将文件夹下"KEEN"文件夹设置成隐藏属性。

（2）将文件夹下"QEEN"文件夹移动到文件夹下"NEAR"文件夹中，并重命名为"SUNE"。

（3）将文件夹下"DEER\DAIR"文件夹中的文件"TOUR.PAS"复制到文件夹下"CRY\SUMMER"文件夹中。

（4）将文件夹下"CREAM"文件夹中的"SOUR"文件夹删除。

（5）在文件夹下建立一个名为"TESE"的文件夹。

4. 打开文件夹"习题—04"，按要求完成如下操作。

（1）将文件夹下"FENG\WANG"文件夹中的文件"BOOK.PRG"移动到文件夹下"CHANG"文件夹中，并将该文件重命名为"TEXT.PRG"。

（2）将文件夹下"CHU"文件夹中的文件"JANG.TMP"删除。

（3）将文件夹下"REI"文件夹中的文件"SONG.FOR"复制到文件夹下"CHENG"文件夹中。

（4）在文件夹下"MAO"文件夹中建立一个新文件夹"YANG"。

（5）将文件夹下"ZHOU\DENG"文件夹中的文件"OWER.DBF"设置为隐藏属性。

5. 打开文件夹"习题—05"，按要求完成如下操作。

（1）将文件夹下"TIUIN"文件夹中的文件"ZHUCE.BAS"删除。

（2）将文件夹下"VOTUNA"文件夹中的文件"BOYABLE.DOC"复制到同一文件夹下，并命名为"SYAD.DOC"。

（3）在文件夹下"SHEART"文件夹中新建一个文件夹"RESTICK"。

（4）将文件夹下"BENA"文件夹中的文件"PRODUCT.WRI"设置为只读属性，并撤销该文档的存档属性。

（5）将文件夹下"HWAST"文件夹中的文件"XIAN.FPT"重命名为"YANG.FPT"。

6. 打开文件夹"习题—06"，按要求完成如下操作。

（1）在文件夹下"GPOP\PUT"文件夹中新建一个名为"HUX"的文件夹。

（2）将文件夹下"MICRO"文件夹中的文件"XSAK.BAS"删除。

（3）将文件夹下"COOK\FEW"文件夹中的"ARAD.WPS"复制到文件夹下"ZUME"文件夹中。

（4）将文件夹下"ZOOM"文件夹中的文件"MACRO.OLD"设置成隐藏属性。

（5）将文件夹下"BEI"文件夹中的文件"SOFT.BAS"重命名为"BUAA.BAS"。

7. 打开文件夹"习题—07"，按要求完成如下操作。

（1）将文件夹下"MICRO"文件夹中的文件"SAK.PAS"删除。

（2）在文件夹下"POP\PUT"文件夹中建立一个名为"HUM"的新文件夹。

（3）将文件夹下"COON\FEW"文件夹中的文件"RAD.FOR"复制到文件夹下"ZUM"文件夹中。

（4）将文件夹下"UEM"文件夹中的文件"MACRO.NEW"设置成隐藏和只读属性。

（5）将文件夹下"MEP"文件夹中的文件"PGUP.FIP"移动到文件夹下"QEEN"文件夹中，并重命名为"NEPA.JEP"。

8. 打开文件夹"习题—08"，按要求完成如下操作。

（1）将文件夹下"EDIT\POPE"文件夹中的文件"CENT.PAS"设置成隐藏属性。

（2）将"BROAD\BAND"文件夹中的文件"GRASS.FOR"删除。

（3）将"COMP"文件夹中建立一个新文件夹"COAL"。

（4）将"STUD\TEST"文件夹中的文件夹"SAM"复制到文件夹下的"KIDS\CARD"文件夹中，并将文件夹重命名为"HALL"。

（5）将"CALIN\SUN"文件夹中的文件夹"MOON"移动到文件夹下"LION"文件夹中。

9. 打开文件夹"习题—09"，按要求完成如下操作。

（1）将文件夹下"TURO"文件夹中的文件"POWER.DOC"删除。

（2）在文件夹下"KIU"文件夹中新建一个名为"MING"的文件夹。

（3）将文件夹下"INDE"文件夹中的文件"GONG.TXT"设置为只读和隐藏属性。

（4）将文件夹下"SOUR"文件夹中的文件"ASER.FOR"复制到文件夹下"PEAG"文件夹中。

（5）搜索"考生文件夹"中的文件"READ.EXE"，为其建立一个名为"READ"的快捷方式，放在"习题—09"文件夹下。

10. 打开文件夹"习题—10"，按要求完成如下操作。

（1）在文件夹下"CCTVA"文件夹中新建一个文件夹"LEDER"。

（2）将文件夹下"HIGER\YION"文件夹中的文件"ARIP.BAT"重命名为"FAN.BAT"。

（3）将文件夹下"GOREST\TREE"文件夹中的文件"LEAF.MAP"设置为只读属性。

（4）将文件夹下"BOP\YIN"文件夹中的文件"FILE.WRI"复制到文件夹下"SHEET"文件夹中。

（5）将文件夹下"XEN\FISHER"文件夹中的文件夹"EAT-A"删除。

项目 2
实用工具
软件应用

实训目的：

1. 掌握文档压缩、加密与备份软件的使用和操作；
2. 掌握常用电子书阅读软件和电子书制作软件的使用和操作；
3. 掌握图像捕捉与处理、系统安全与维护软件的使用和操作；
4. 掌握常用视频编辑软件的使用和操作；
5. 掌握常用办公软件的获取、安装、卸载和 FTP 服务器架设等操作；
6. 掌握系统备份和恢复软件的使用和操作。

实训内容：

1. 通过任务 2.1，掌握使用 WinRAR 软件压缩文件及解压缩的方法，使用超级加密精灵软件对文件及文件夹进行加、解密等操作；

2. 通过任务 2.2，掌握使用福昕阅读器进行文本阅读、选择和截图等操作，使用友益文书软件进行电子书目录创建、内容添加、电子书发布等操作；

3. 通过任务 2.3，掌握使用 HyperSnap 软件进行图像捕捉、图像修剪及捕捉设置等操作，使用"画图"应用程序对图片进行编辑、保存等操作；

4. 通过任务 2.4，掌握使用爱剪辑软件进行视频编辑、音频编辑、导出视频等操作；

5. 通过任务 2.5，掌握使用 360 安全卫士和 Windows 优化大师软件进行木马扫描、优化加速、垃圾清理、注册表优化等操作；

6. 通过任务 2.6，掌握办公软件 Office 2010 的获取、安装、卸载等操作；

7. 通过任务 2.7，掌握 FTP 服务器软件的安装、架设站点、权限设置等操作；

8. 通过任务 2.8，掌握使用 Ghost 软件对系统盘的备份、还原等操作。

任务 2.1 文件压缩与加密软件

打开文件压缩及加密软件，按下列要求进行操作。

1. WinRAR 软件的有关操作

任务布置：将"项目二素材"中的文件夹"ppt01"压缩为"ppt01.rar"，设置解压密码为"XMHYXY"。

任务实施：

（1）运行 WinRAR 软件，在主界面中选择"ppt01"文件夹，单击【添加】按钮，如图 2-1 所示。

（2）在弹出的【压缩文件名和参数】对话框中，单击【浏览】按钮，如图 2-2 所示。

（3）在弹出的【查找压缩文件】对话框中，设置保存位置和文件名，单击【保存】按钮，如图 2-3 所示。

图 2-1│选择压缩文件夹

图 2-2│【压缩文件名和参数】对话框

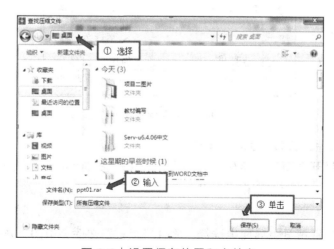

图 2-3│设置保存位置和文件名

（4）在【压缩文件名和参数】对话框中，单击【设置密码】按钮，在弹出的【输入密码】对话框中设置压缩密码为"XMHYXY"，单击【确定】按钮，如图2-4所示。

图 2-4 ｜ 设置压缩密码

（5）在弹出的【正在创建压缩文件ppt01.rar】对话框中，将显示压缩进度，如图2-5所示。创建完成即可在桌面上查看新生成的压缩文件"ppt01.rar"。

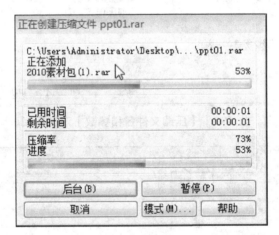

图 2-5 ｜ 压缩文件

2. 超级加密精灵软件的有关操作

任务布置：打开"项目二素材"文件夹，对文件夹"360截图"进行加密、解密及数据加密打包操作，设置加密密码为"ABC"。

任务实施：

（1）在超级加密精灵主界面中选择"项目二素材"文件夹中的"360截图"文件夹，单击工具栏中的【数据加密】按钮，如图2-6所示。

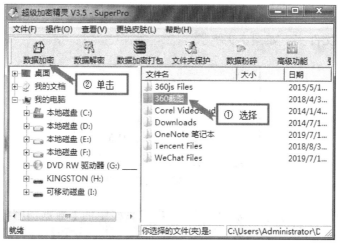

图 2-6 | 单击【数据加密】按钮

（2）在弹出的【加密密码设置】对话框中，输入加密密码"ABC"，并单击【确定】按钮，如图 2-7 所示。

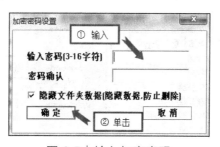

图 2-7 | 输入加密密码

（3）选择待解密文件夹"360 截图"，单击工具栏中的【数据解密】按钮，如图 2-8 所示。

图 2-8 | 单击【数据解密】按钮

（4）在弹出的【解密口令验证】对话框中，输入验证密码"ABC"，单击【确定】按钮，即可解密文件夹，如图 2-9 所示。

图 2-9 | 输入验证密码

（5）选择需要加密的文件或文件夹，单击工具栏中的【数据加密打包】按钮，如图 2-10 所示。

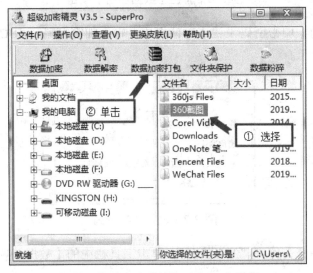

图 2-10 | 单击【数据加密打包】按钮

（6）在弹出的【加密密码设置】对话框中，输入加密密码，单击【确定】按钮，如图 2-11 所示。

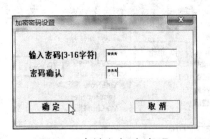

图 2-11 | 输入加密密码

（7）在弹出的【浏览文件夹】对话框中，选择加密打包文件的保存位置，单击【确定】按钮，如图 2-12 所示。

图 2-12 | 选择保存位置

（8）软件会自动加密并打包文件夹，并将加密打包后的文件存放到指定位置，如图 2-13 所示。

图 2-13 | 显示加密打包文件

 # 任务 2.2　电子书阅读与制作软件

打开福昕阅读器和友益文书软件，按下列要求进行操作。

1．福昕阅读器的有关操作

任务布置：对"项目二素材"文件夹中的文件"DOT.pdf"进行文本选择及文本截图操作。

任务实施：

福昕阅读器对系统的资源占用非常低，其下载包容量小，整个安装过程也非常简单。启动该工具软件之后，即可进入其主界面，该界面类似于 Word 2010 界面，包括选项卡、选项组和阅读视图区，如图 2-14 所示。

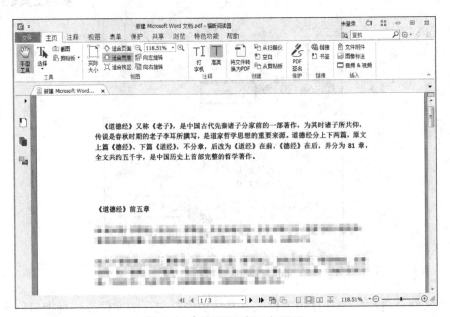

图 2-14 | 福昕阅读器主界面

（1）在福昕阅读器主界面中，单击【快速访问工具栏】中的【打开】按钮，在弹出的【打开】对话框中，选择电子书文件，单击【打开】按钮即可打开电子书，如图 2-15 所示。

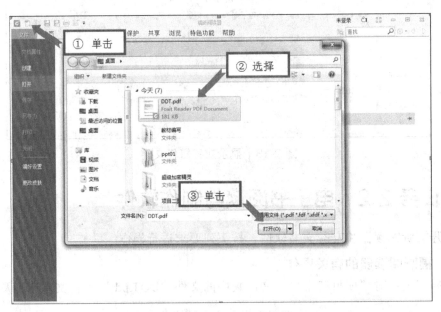

图 2-15 | 打开电子书文件

（2）默认情况下，福昕阅读器将使用手形工具 🖐，供用户在文档中进行移动。在【主页】选项卡的【工具】选项组中，单击【选择】按钮后，光标将变成 I 形状。在阅读区中拖动鼠标，即可选择相应的文本内容，如图 2-16 所示。

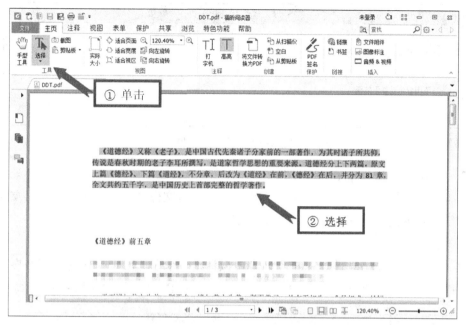

图 2-16 | 选择文本内容

（3）在【主页】选项卡的【工具】选项组中，单击【截图】按钮后，当指针将变成 -¦- 形状时，拖动鼠标选择需要截图的区域，如图 2-17 所示。松开鼠标之后，在弹出的【福昕阅读器】对话框中，提示用户选定区域已被复制到剪贴板，单击【确定】按钮即可，如图 2-18 所示。

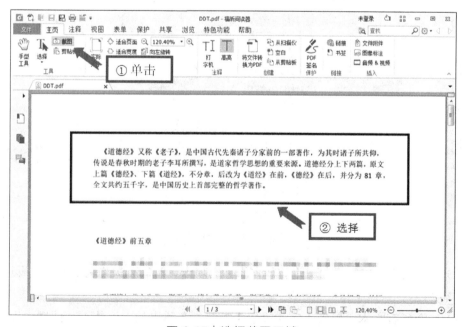

图 2-17 | 选择截图区域

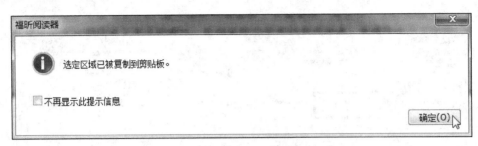

图 2-18 | 提示对话框

2. 友益文书软件的有关操作

任务布置：根据"项目二素材"文件夹下的素材文件"道德经.txt"，使用友益文书软件进行目录创建、格式设置、发布电子书的操作。

任务实施：

（1）运行友益文书软件，在左侧列表中激活【目录】选项卡，在列表框空白处单击鼠标右键，选择【添加新目录】命令，添加新目录"道德经"，如图 2-19 所示。

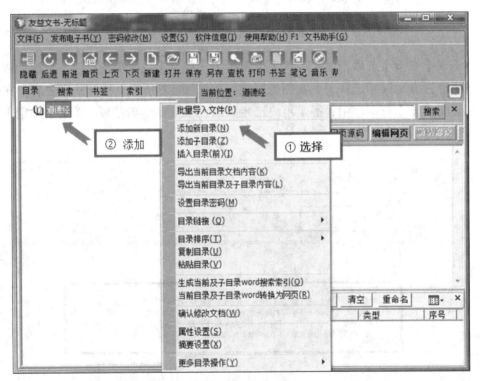

图 2-19 | 添加新目录

（2）在右侧正文内容框打开【编辑网页】选项卡，输入有关"道德经"的概述文本，如图 2-20 所示。

（3）选择所有文本，单击【字体设置】按钮，在弹出的【字体】对话框中设置字体格式，如图 2-21 所示。

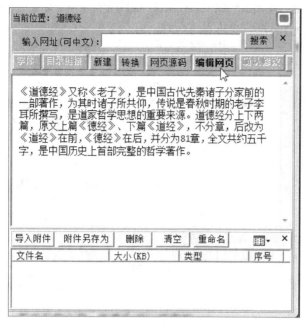

图 2-20 | 输入概述文本

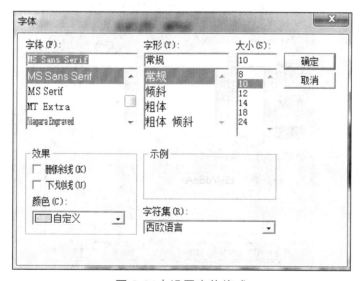

图 2-21 | 设置字体格式

（4）在【目录】选项卡中，用鼠标右键单击"道德经"目录，选择【添加子目录】命令，添加子目录并在右侧正文内容框中输入正文内容，如图 2-22 所示。

（5）在正文中选择小标题文本，单击【粗体】按钮，使用同样的方法，设置其他小标题文本格式，如图 2-23 所示。

（6）在【目录】选项卡中，用鼠标右键单击"第一章"目录，选择【添加新目录】命令，添加新目录并在右侧正文内容框中输入正文内容，如图 2-24 所示。

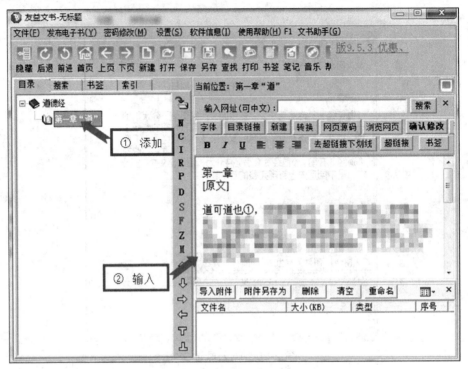

图 2-22 | 添加子目录及正文内容

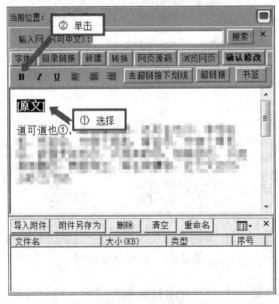

图 2-23 | 设置小标题文本格式

（7）选择相应的正文内容，设置正文字体的格式，如图 2-25 所示。使用同样的方法，制作其他章节内容。

（8）执行【发布电子书】—【生成手机阅读 htm 文件】命令，在弹出的【浏览文件夹】对话框中选择保存位置，单击【确定】按钮，如图 2-26 所示。

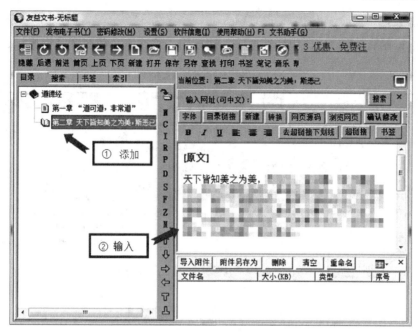

图 2-24 | 添加第二个子目录及正文内容

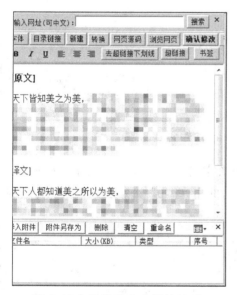

图 2-25 | 设置正文字体的格式

图 2-26 | 生成电子书

任务 2.3 图像捕捉与处理软件

打开 HyperSnap 软件及画图工具软件，按下列要求进行操作。

1. HyperSnap 软件的有关操作

任务布置：设置捕捉前延迟时间为"0"，禁用光标指针，设置捕捉按钮快捷键为
【Ctrl+Shift+B】，捕捉修剪图像。

任务实施：

（1）HyperSnap 软件窗口包含选项卡、选项组、缩略图及截图预览窗格等，如图 2-27 所示。

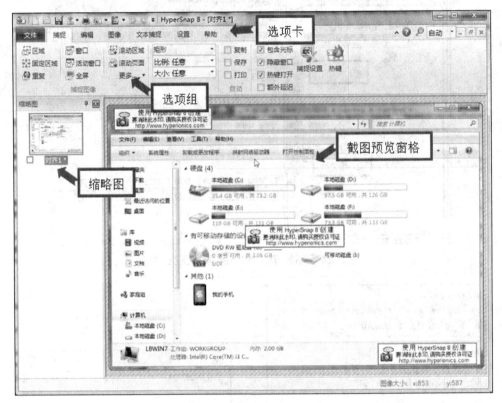

图 2-27｜HyperSnap 软件窗口

（2）在【捕捉】选项卡中，单击【捕捉设置】按钮，如图 2-28 所示。在弹出的【捕获设置-捕获】对话框中，设置【捕捉前延迟时间】为"0"毫秒；取消选中【包括光标指针】复选框，如图 2-29 所示。

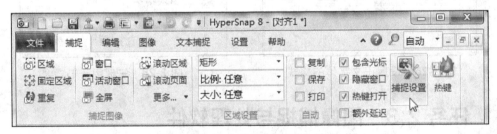

图 2-28｜单击【捕捉设置】按钮

（3）在【捕捉】选项卡中，单击【热键】按钮，如图 2-30 所示。在弹出的【屏幕捕捉热键】对话框中，设置【停止计时自动捕捉】【打印屏幕键处理】的快捷键，如图 2-31 所示。

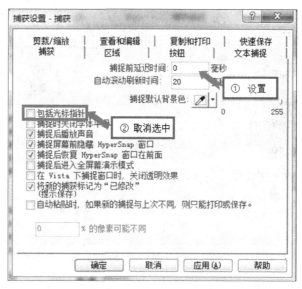

图 2-29 | 【捕获设置—捕获】对话框

图 2-30 | 单击【热键】按钮

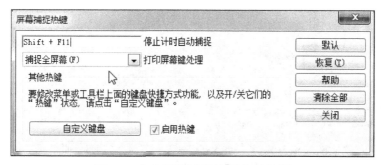

图 2-31 | 【屏幕捕捉热键】对话框

（4）在【屏幕捕捉热键】对话框中单击【自定义键盘】按钮，打开【自定义】对话框，可对捕捉的不同方式进行快捷键设置，如窗口、区域、按钮等捕捉的快捷键设置，如图 2-32 所示。

（5）在捕捉窗口时，可以使用设置好的快捷键，如按【Ctrl+Shift+B】组合键，即可弹出一个闪烁的线框并将光标移至窗口上，单击即可捕捉该窗图口图像，如图 2-33 所示。

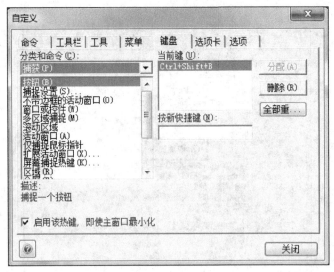

图 2-32 ｜ 自定义快捷键

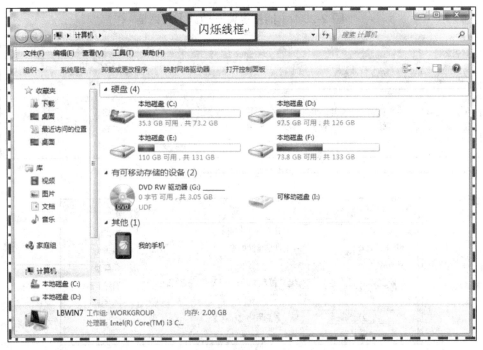

图 2-33 ｜ 捕捉窗口图像

（6）捕捉按钮与捕捉窗口的操作方法大同小异，可以先将光标放置在需要捕捉的按钮之上，然后再按捕捉按钮的快捷键，如图 2-34 所示。这时可以将我们所选择的按钮捕捉到 HyperSnap 窗口中，如图 2-35 所示。

（7）在捕捉一些不规则或者无法使用捕捉窗口进行捕捉的图像时，可以使用区域捕捉方式，默认情况下按【Ctrl+Shift+R】组合键，即可使用出现的"十"字线来定义捕捉区域，如图 2-36 所示。

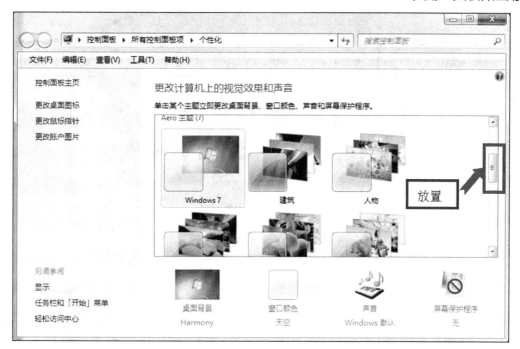

图 2-34 │ 选择按钮

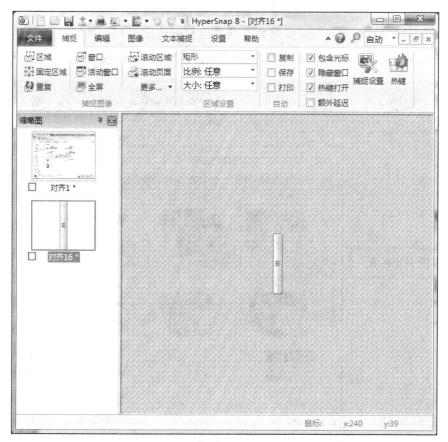

图 2-35 │ 捕捉按钮

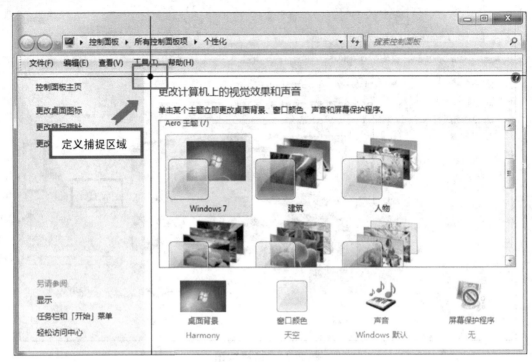

图 2-36 | 区域捕捉

（8）单击确定捕捉起点，向斜对角方向拖动鼠标选定要捕捉的区域范围，如图 2-37 所示。再次单击即可完成捕捉，可在 HyperSnap 显示区中查看。

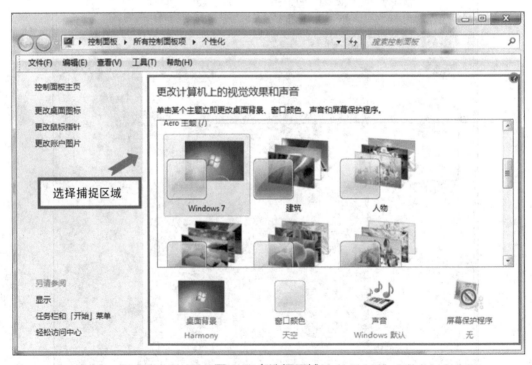

图 2-37 | 选择区域

（9）选定图像的一个区域/部分，在【图像】选项卡的【修改】选项组中，单击【裁剪】按钮，将会出现两条交叉的直线，按住鼠标左键并拖动选择需要保留的区域，如图2-38所示。

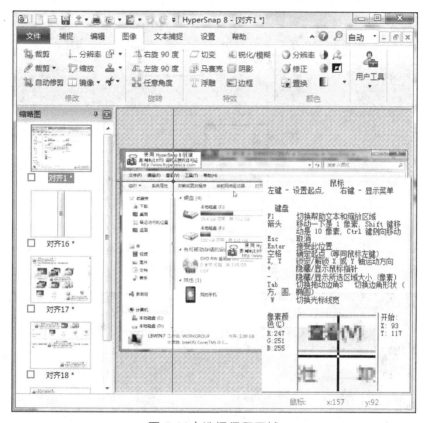

图 2-38 | 选择保留区域

2. 画图工具软件的有关操作

任务布置：对图像进行裁剪，设置图像像素"水平：144，垂直：192"，将文件另存为"陈嘉庚一寸照片.jpg"。

任务实施：

（1）依次单击【开始】—【所有程序】—【附件】—【画图】，单击【画图】下拉菜单中的【打开】按钮，在弹出的对话框中选择图片"素材2.1.bmp"，单击【打开】按钮，如图2-39所示。

（2）打开【主页】选项卡，选择【图像】组中的【选择】下拉列表中的【矩形选择】选项，按住鼠标左键并拖动，选取图像肩部及以上部分，单击【裁剪】按钮，如图2-40所示。

（3）在裁剪后的图片文件中，单击【重新调整大小】按钮，按一寸照片要求设置图像像素。为避免图片失真，在弹出的对话框中应选中【保持纵横比】复选框。设置像素为"水平：144"，单击【确定】按钮，如图2-41所示。

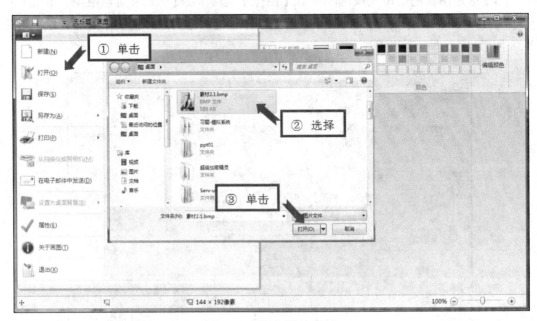

图 2-39 │ 导入图片素材

图 2-40 │ 图像选取

（4）返回编辑窗口，按住鼠标并拖动，对图片底部进行裁剪，编辑窗口下方会显示相应的垂直像素，最终裁剪得到像素为"水平：144，垂直：192"的图片，如图 2-42 所示。

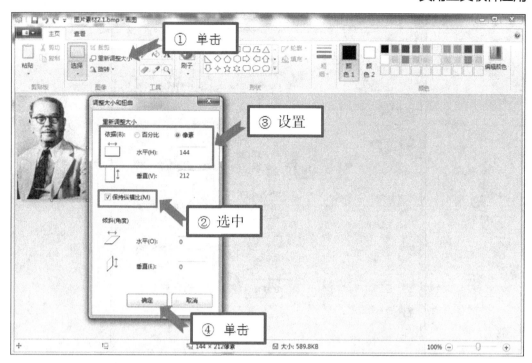

图 2-41 | 【调整大小和扭曲】对话框

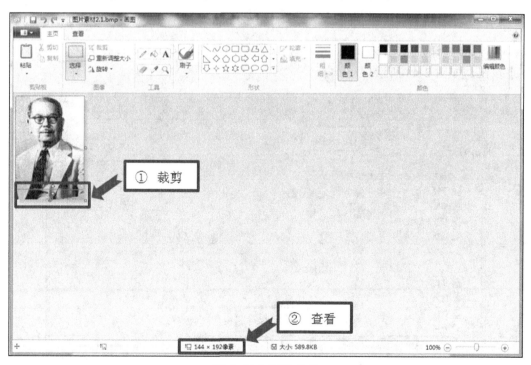

图 2-42 | 图片裁剪

（5）单击【画图】下拉按钮，选择【另存为】子列表中的【其他格式】选项，即可把图片另存为其他格式的图片，如图 2-43 所示。

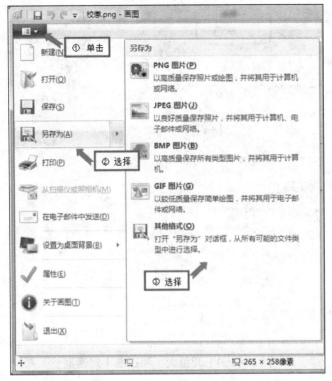

图 2-43 | 选择【其他格式】选项

（6）在弹出的【保存为】对话框中，设置保存目录、文件名、保存类型，单击【保存】按钮，如图 2-44 所示。

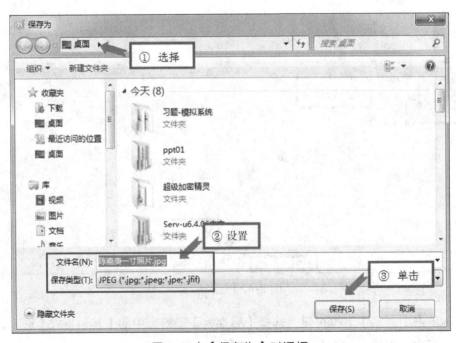

图 2-44 | 【保存为】对话框

任务 2.4　视频编辑软件

打开爱剪辑软件，按下列要求进行操作。

1. 添加音视频、字幕特效的有关操作

任务布置：新建片名为"变形金刚 5 片花"、视频大小为"720*404（480P 16：9）"的视频文件，导入视频素材文件"视频素材 1.mp4"～"视频素材 4.mp4"并消除原片声音，导入音频素材文件"素材音频.mp3"并截取 00：01：03.000 至 00：03：23.128 之间的音频，在右上角为片名添加"沙砾飞舞"的出现特效并配上"粗犷霸气.mp3"音效。

任务实施：

（1）打开爱剪辑软件主界面，在弹出的【新建】对话框中，输入片名信息"变形金刚 5 片花"，在【视频大小】下拉列表框中选择"720*404（480P 16：9）"选项，单击【确定】按钮，如图 2-45 所示。

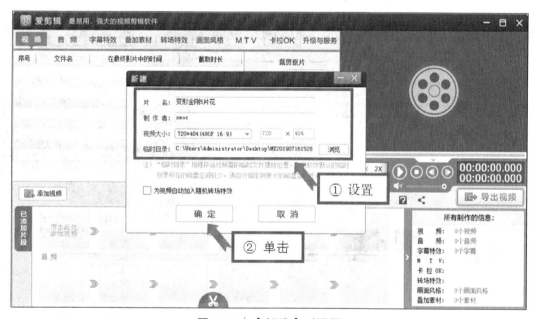

图 2-45 |【新建】对话框

（2）单击【添加视频】按钮，在弹出的【请选择视频】对话框中选择"项目二素材"文件夹中的四个视频素材文件"视频素材 1.mp4"～"视频素材 4.mp4"，单击【打开】按钮，如图 2-46 所示。

（3）导入完成后在软件主界面的【视频】选项卡下会显示相应的视频素材，在【裁剪原片】功能区中可以对视频进行裁剪设置，在【声音设置】功能区中单击【使用音轨】下拉按钮，选择【消除原片声音】选项，如图 2-47 所示。

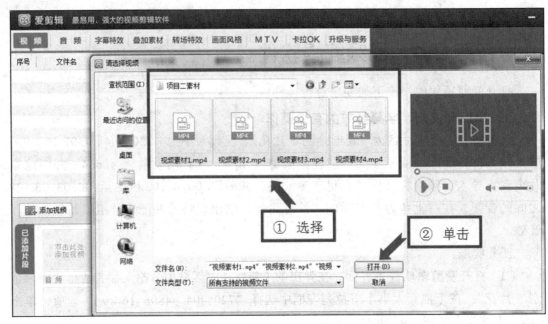

图 2-46 | 导入视频素材文件

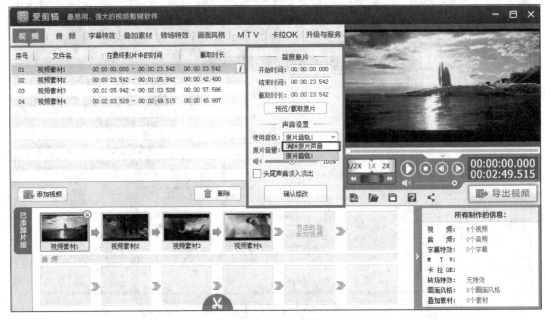

图 2-47 | 视频素材设置

（4）打开【音频】选项卡，单击【添加音频】按钮，在弹出的列表中选择【添加背景音乐】选项，在弹出的【请选择一个音效】对话框中选择"项目二素材"文件夹中的"素材音频.mp3"，单击【打开】按钮，如图 2-48 所示。

（5）在弹出的【预览/截取】对话框中，设置导入音频的插入点及截取时间段（00:01:03.000 至 00:03:23.128），单击【确定】按钮，如图 2-49 所示。

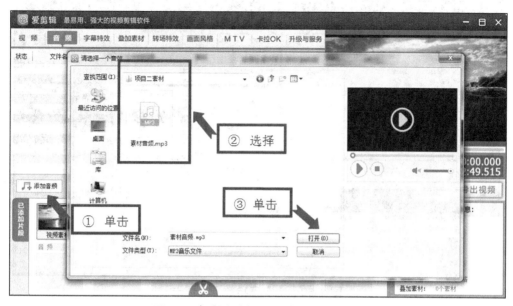

图 2-48 | 【请选择一个音效】对话框

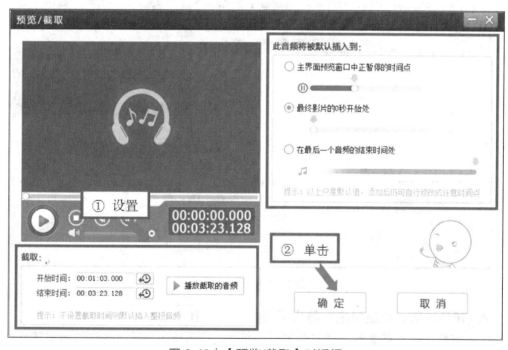

图 2-49 | 【预览/截取】对话框

（6）在【字幕特效】选项卡中，可以看到左侧有"出现特效""停留特效""消失特效"，根据需求选择一个想要添加的特效，如图 2-50 所示。

（7）在左侧选择"沙砾飞舞"特效后，双击右上角的视频，在打开的【输入文字】对话框中添加文字"变形金刚 5 片花"，为文字添加音效，单击【浏览】按钮，导入"粗犷霸气.mp3"音效，单击【确定】按钮，如图 2-51 所示。

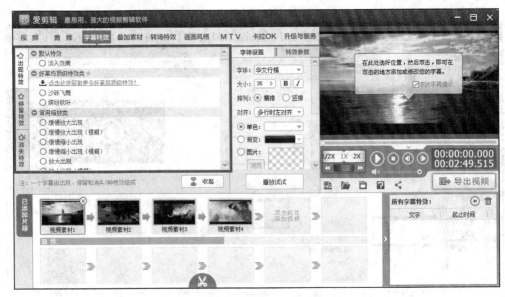

图 2-50 | 【字幕特效】选项卡

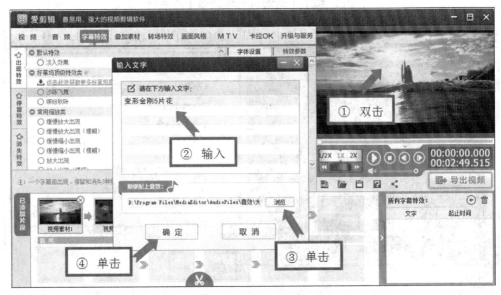

图 2-51 | 添加音效

2. 转场特效、画面风格、导出视频的有关操作

任务布置：为所有视频素材文件应用"变暗式淡入淡出"转场特效，为视频素材文件添加"自由旋转"的画面风格并设置"柔和过渡"效果，设置视频导出参数"视频比特率：6000，音频采样率：44100"，导出路径为 D 盘目录下。

任务实施：

（1）在【转场特效】选项卡中，选择视频素材文件并在左侧选择"变暗式淡入淡出"转场特效，单击【应用/修改】按钮，依照此方法为所有视频素材文件设置转场特效，如图 2-52 所示。

图 2-52 | 【转场特效】选项卡

（2）在【画面风格】选项卡中，在左侧选择"自由旋转"画面风格，单击【添加风格效果】按钮，选择【为当前片段添加风格】，在右侧选中【柔和过渡】复选框，单击【确认修改】按钮，依照此方法为所有视频素材文件设置画面风格，如图 2-53所示。

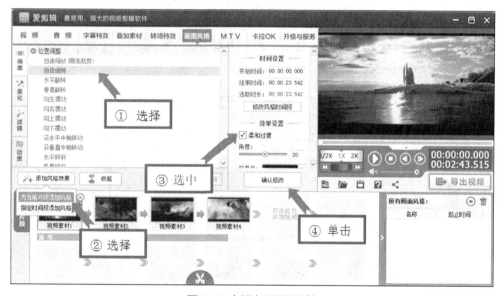

图 2-53 | 添加画面风格

（3）所有特效设置完毕后，单击主界面右侧的【导出视频】按钮，在弹出的【导出设置】对话框中对参数进行修改，设置视频导出参数"视频比特率：6000，音频采样率：44100"，单击【浏览】按钮，选择 D 盘为导出路径，单击【导出】按钮，如图 2-54 所示。

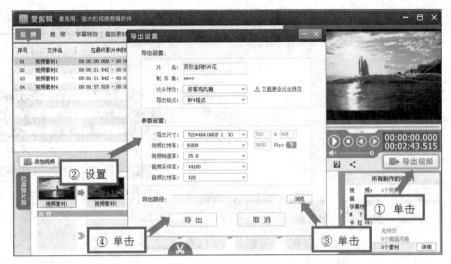

图 2-54 │ 导出视频

 # 任务 2.5　系统安全与维护软件

打开 360 安全卫士和 Windows 优化大师软件，按下列要求进行操作。

1. 360 安全卫士的有关操作

任务布置：进入"全盘查杀"模式完成全盘扫描并修复危险项，查看隔离文件并恢复受信任文件，进行系统修复及优化加速提高计算机的启动速度。

任务实施：

（1）打开 360 安全卫士软件主界面，在【木马查杀】选项卡下选择【更多查杀】组中的查杀模式，如图 2-55 所示。

图 2-55 │ 选择查杀模式

（2）单击进入【全盘查杀】模式，软件自动对计算机进行全盘扫描，如图 2-56 所示。

图 2-56｜全盘扫描中

（3）扫描完成后，根据提示选择需要清除的对象，单击【一键处理】按钮，如图 2-57 所示。

图 2-57｜处理危险项

（4）在【木马查杀】选项卡下，选择【操作中心】中的【恢复区】选项可查看被隔离的可疑文件，在弹出的对话框中选择相关文件，单击【恢复】按钮，可将其移出可疑文件目录并恢复到原有位置，如图 2-58 所示。

图 2-58 | 恢复可疑文件

（5）单击 360 安全卫士软件主界面的【系统修复】选项卡下的【全面修复】命令，即可同时对计算机进行【常规修复】【漏洞修复】【软件修复】【驱动修复】等操作，如需单项修复，可在右侧的【单项修复】下拉列表中进行选择，如图 2-59 所示。

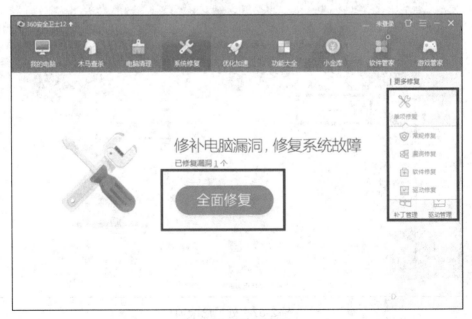

图 2-59 | 修复选项

（6）修复完成后选择修复项，单击【一键修复】按钮，如图 2-60 所示。

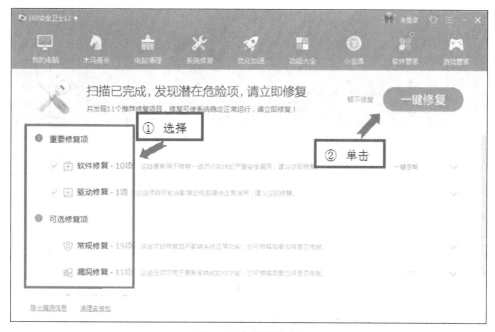

图 2-60 ｜ 系统修复

（7）在【优化加速】选项卡下，单击【全面加速】命令，系统会自动扫描计算机软硬件等各种启动项，如需专项加速可在右侧的【单项加速】下拉列表中进行选择，如图 2-61 所示。

图 2-61 ｜ 加速选项

（8）优化加速完成后，选择优化项目，单击【立即优化】按钮，如图 2-62 所示。

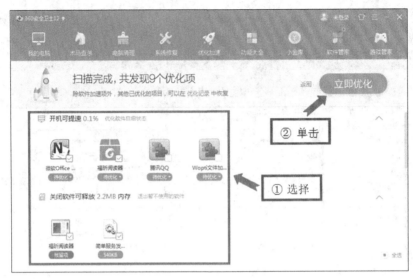

图 2-62 ｜ 优化加速

2. Windows 优化大师的有关操作

任务布置：利用软件查看系统信息并将系统信息保存成 txt 文档，使用"优化向导"完成文件系统优化，清除计算机无效注册表信息及备份注册表信息。

任务实施：

（1）打开 Windows 优化大师主界面，选择左侧的【系统检测】选项卡可查看系统信息总览，软件信息列表及更多硬件信息，如图 2-63 所示。

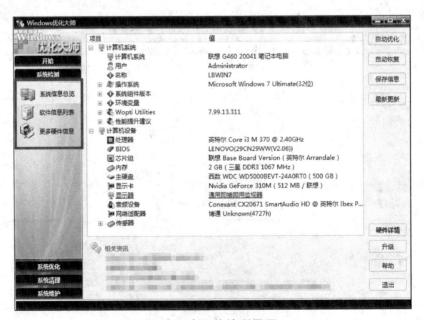

图 2-63 ｜ 系统检测界面

（2）单击右侧的【保存信息】按钮，在弹出的对话框中选择保存位置，然后单击【保存】按钮，即可将计算机系统信息保存成 txt 文档，如图 2-64 所示。

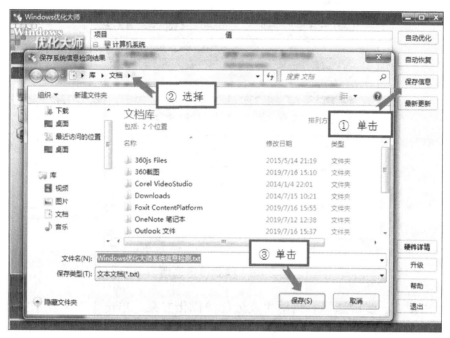

图 2-64 | 保存系统信息检测结果

（3）选择【系统优化】选项卡，单击【文件系统优化】功能选项下的【设置向导】按钮，打开【文件系统优化向导】对话框，单击【下一步】按钮，如图 2-65 所示。

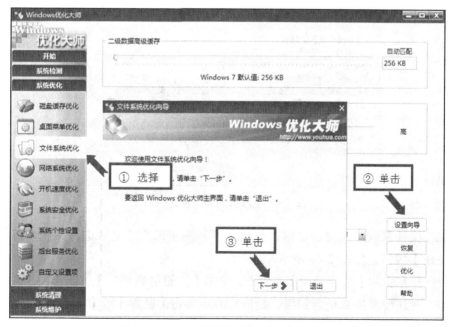

图 2-65 |【文件系统优化向导】对话框

（4）根据使用计算机的情况做出选择，可以选择【最高性能设置】单选按钮，也可以选择【最佳多媒体设置】单选按钮，单击【下一步】按钮，如图 2-66 所示。

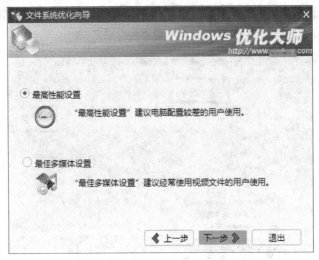

图 2-66｜模式设置选项

（5）根据上一步的选择，自动生成最佳的优化方案，单击【下一步】按钮，如图 2-67 所示。

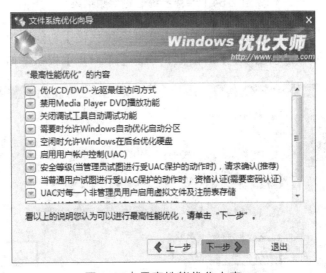

图 2-67｜最高性能优化内容

（6）在文件系统优化完成之前，优化大师将提示用户"是否进行文件系统优化"，单击【完成】按钮，如图 2-68 所示。

（7）选择左侧的【系统清理】选项卡，单击【注册信息清理】功能选项下的【扫描】按钮，即可对注册表信息进行扫描，扫描完成后单击【删除】或【全部删除】按钮可对无效注册信息进行删除，如图 2-69 所示。

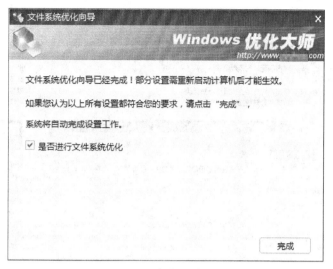

图 2-68 | 优化完成

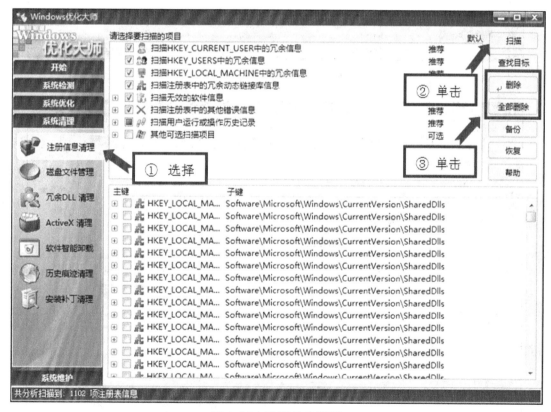

图 2-69 | 注册信息清理

（8）单击【备份】按钮，即可对注册信息进行备份，如图 2-70 所示。

（9）单击【恢复】按钮，打开【备份与恢复管理】对话框，选择已备份的注册信息文件，单击【恢复】按钮，可恢复注册信息，如图 2-71 所示。

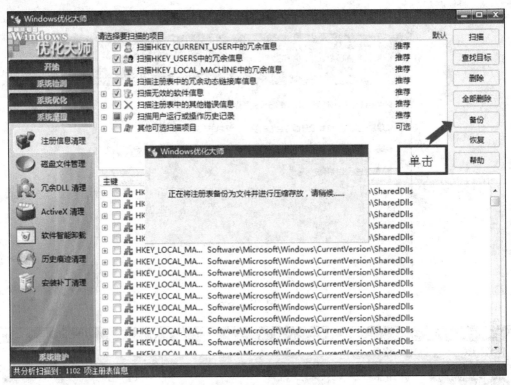

图 2-70 | 注册信息备份

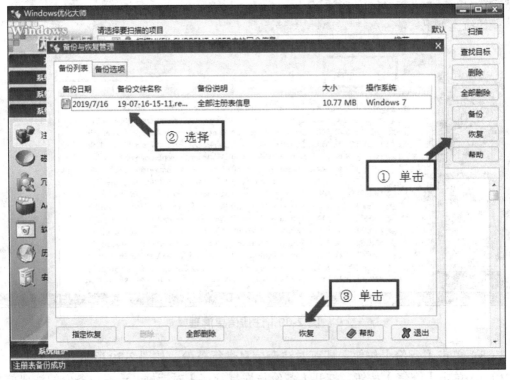

图 2-71 | 注册信息恢复

任务 2.6 办公软件 Office 2010 的获取、安装与卸载

扫描二维码，学习拓展内容。

 任务 2.7 文档传输利器 FTP

扫描二维码，学习拓展内容。

任务 2.6　　　任务 2.7

 任务 2.8 系统备份和恢复

扫描二维码，学习拓展内容。

实训小结：

任务 2.8

本章通过 8 个实训任务，帮助学生练习常用软件的获取、安装、卸载操作，练习并掌握实用工具软件——文档传输软件、文档压缩软件、电子书阅读制作软件、图像捕捉与处理软件、系统安全与维护软件、视频编辑软件、系统备份和恢复软件的操作技能，为后续的学习打下坚实基础。

操作习题

1. 打开一张个人电子证件照，按下列要求完成操作并保存。

（1）利用网上电子邮箱，下载个人电子证件照。

（2）按任务 2.3 说明，修改符合要求的一寸照片。

（3）将修改好的个人电子证件照上传到 FTP 服务器上。

2. 打开 360 安全卫士，按下列要求完成操作并保存。

（1）设置为每天 13:00 自动清理，清理内容为"清理垃圾""清理注册表"。

（2）设置开机小助手，不显示天气预报，计算机启动后提示用户本次开机所用的时间。

（3）优化系统启动项，将禁止率高于 30% 的启动软件设置为"禁止启动"。

3. 打开 Windows 优化大师，按下列要求完成操作并保存。

（1）进行内存整理，当可用物理内存小于 15% 时自动进行内存碎片整理。

（2）进行系统安全优化，当关闭 Internet Explorer 时，自动清空临时文件。禁止光盘、U 盘等所有磁盘自动运行。

（3）对本地磁盘 C 盘进行磁盘碎片整理。

4. 打开一键还原精灵，按下列要求完成操作并保存。

（1）网上自行下载一键还原精灵，参考任务 2.8 对个人计算机进行 C 盘备份。

（2）将备份文件恢复到 C 盘中。

项目 3
信息检索与互联网应用

实训目的：

1. 掌握 IE 浏览器的使用和操作；

2. 掌握百度搜索引擎、百度文库的使用和操作；

3. 掌握中国知网与维普网站的论文查重及下载操作；

4. 掌握使用 Outlook 进行邮件处理的操作；

5. 掌握常用下载工具与即时聊天工具的使用和操作。

实训内容：

1. 通过任务 3.1，掌握使用 IE 浏览器添加网址收藏、下载保存浏览网页、查看删除历史记录等操作；

2. 通过任务 3.2，掌握百度搜索引擎关键词、文库使用等操作；

3. 通过任务 3.3，掌握中国知网与维普网上的论文检索、下载、查重等操作；

4. 通过任务 3.4，掌握使用 Outlook 接收与发送邮件、附件下载、回复与转发邮件等操作；

5. 通过任务 3.5，掌握迅雷下载工具、微信的常用操作方法。

任务 3.1　IE 浏览器的应用

打开 Internet Explorer（IE）浏览器，按下列要求进行操作。

任务布置：使用 IE 浏览器浏览新浪网站，将网站主页内容保存到本地磁盘，并将主页网址收藏到收藏夹，下载网站上的文件、图片并保存到本地磁盘，查看和删除浏览器历史记录。

任务实施：

（1）双击桌面上的 IE 图标，或选择【开始】—【所有程序】列表中的 "Internet Explorer" 选项，启动 IE 浏览器。在 IE 浏览器地址栏中输入新浪网页网址，按【Enter】键或单击【转到】按钮即可打开新浪网站，如图 3-1 所示。

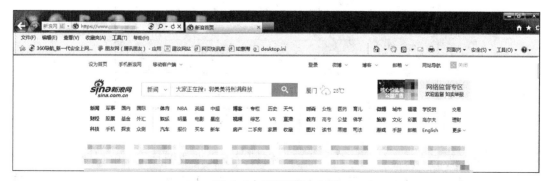

图 3-1 | 新浪网站主页

（2）在打开的新浪首页中，选择【文件】—【另存为】命令，打开【保存网页】对话框，设置好保存路径、文件名、保存类型后，单击【保存】按钮即可将网页保存，如图 3-2 所示。

图 3-2 | 保存网页

（3）单击窗口右上角的【查看收藏夹、源和历史记录】按钮，在展开的窗格中单击【添加到收藏夹】按钮右侧的三角按钮，在展开的列表中选择【添加到收藏夹】选项，或直接在菜单栏的【收藏夹】下拉列表中选择【添加到收藏夹】选项，找开【添加收藏】对话框，即可将当前网页添加到收藏夹，如图 3-3 所示。

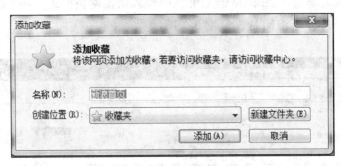

图 3-3 | 添加到收藏夹

（4）搜索要下载的文件或图片，将鼠标指针置于文件或图片上，单击鼠标右键，在弹出的快捷菜单中选择【目标另存为】或【图片另存为】命令，如图 3-4 所示，在打开的对话框中选择保存路径，单击【保存】按钮即可保存要下载的文件或图片。

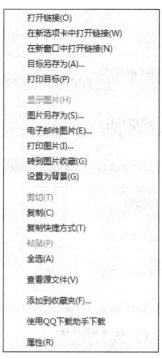

图 3-4 | 选择【目标另存为】或【图片另存为】命令

（5）在 IE 菜单栏中单击【查看】按钮，在下拉菜单中选择【浏览器栏】—【历史记录】命令，进入【历史记录】选项卡，在列表中可按日期、站点、访问次数等查看，如图 3-5 所示。

图 3-5 | 查看历史记录

（6）在 IE 菜单栏中单击【工具】按钮，在下拉菜单中选择【删除浏览的历史记录】命令，在打开的对话框中选择要删除记录的历史记录类型，然后单击【删除】按钮，如图 3-6 所示。

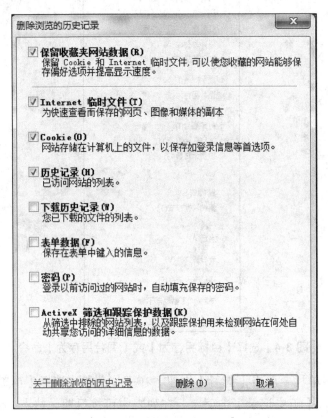

图 3-6｜【删除浏览的历史记录】对话框

任务 3.2　百度搜索引擎的应用

打开百度搜索引擎界面，按下列要求进行操作。

任务布置：关键字"与（and）、或（or）、非（not）"的应用，指定网页区域的搜索操作，指定下载文件类型的搜索操作、强制使用禁用词的搜索操作，期刊检索及学术论文引用。

任务实施：

（1）打开百度搜索引擎，在关键字之间增加"空格"，意味着同时包含，即"与（and）"。例如需要检索同时包含"量子"和"物理"的信息，可以在搜索栏中输入"量子 物理"，如图 3-7 所示。

（2）在关键字之间增加"－"，意味着减去，即"非（not）"。例如需检索不含"物理"的"量子"相关信息，可以输入"量子－物理"，如图 3-8 所示。

（3）在关键字之间增加大字英文"OR"，并用空格隔开，意味着相交，即"或（or）"。例如某关键字包含相关性比较大的近似词，如"金融危机"与"金融风暴"，需要将相关的信息都显示出来，这时候可以输入"金融危机 OR 金融风暴"，如图 3-9 所示。

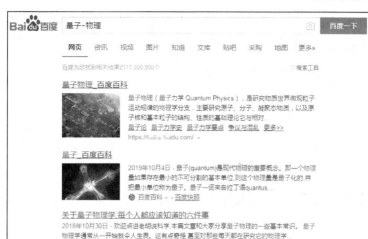

图 3-7 | "量子 物理"搜索页面

图 3-8 | "量子 - 物理"搜索页面

图 3-9 | "金融危机 OR 金融风暴"搜索页面

（4）打开百度首页，输入关键字，单击【百度一下】按钮。在页面的搜索框下方单击【搜索工具】按钮，效果如图 3-10 所示。

图 3-10 | 关键词搜索页面

（5）单击【站点内检索】，输入指定要搜索的网站地址，单击【确认】按钮开始搜索，如图 3-11 所示。

图 3-11 | 在指定网站区域搜索页面

（6）打开百度首页，单击页面右上角的【设置】选项，在下拉菜单中选择【高级搜索】命令，如图 3-12 所示。

图 3-12 | 主页搜索设置

（7）进入高级搜索页面，在【文档格式】下拉列表中包含 7 项内容，分别是"所有网页和文件""Adobe Acrobat PDF（.pdf）""微软 Word（.doc）""微软 Excel（.xls）""微软 Powerpoint（.ppt）""RTF 文件（.rtf）""所有格式"，如图 3-13 所示。

（8）在禁用词前后增加"+"意为强制检索。需要说明的是，禁用词是指出现概率非常频繁的字，搜索引擎为了排除干扰故屏蔽了这些字，如"的""了""WWW"等，检索"我的大学"，则输入"我+的+大学"，如图 3-14 所示。

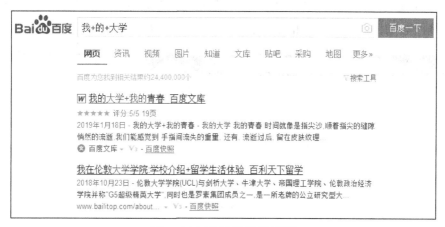

图 3-13 | 高级搜索页面

图 3-14 | 强制搜索禁用词

（9）打开百度搜索主页，单击右上角的【学术】超链接，切换到百度学术搜索页面，单击右上角的【百度首页】可切换回百度首页，如图 3-15 所示。

图 3-15 | 百度学术搜索页面

（10）在百度学术中搜索期刊名会显示相关期刊信息，单击进入期刊官网可进行投稿，通过百度学术查询到的期刊具有真实性，如图 3-16 所示。

图 3-16 | 期刊查询

（11）在百度学术中搜索相关论文关键字，会出现一系列相关论文，通过设置左侧工具栏中的选项可检索论文发表时间、是否是核心期刊等信息，如图 3-17 所示。单击【引用】按钮可选择复制至论文的引用格式，方便毕业生论文写作，如图 3-18 所示。

图 3-17 | 论文检索页面

图 3-18 | 论文引用界面

任务 3.3　中国知网与维普网的应用

打开中国知网及维普网主页面，按下列要求进行操作。

1. 中国知网的有关操作

任务布置：使用中国知网进行文献检索、下载、查重。

任务实施：

（1）进入中国知网的官方网站，比较常用的是【文献检索】功能，网站界面如图 3-19 所示。

图 3-19｜中国知网界面

（2）单击箭头的下三角按钮，可在下拉列表中选择根据什么信息来检索文献，使用较多的是关键词检索，如图 3-20 所示。

图 3-20｜关键词检索

（3）文献的搜索结果如图 3-21 所示，可以根据发表时间等对文献进行排序。

（4）找到需要查看的文献，单击文献标题，即可查看文献的详情，包含摘要以及部分内容，如图 3-22 所示。

（5）除了常用的关键词检索之外，中国知网还有高级检索的功能，单击【高级检索】即可，如图 3-23 所示。

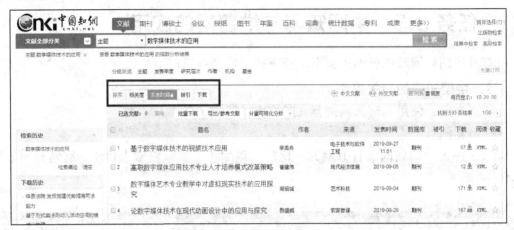

图 3-21 | 文献检索结果

图 3-22 | 查看文献详情

图 3-23 | 高级检索

（6）进入高级检索界面后，输入检索条件，就能查到符合相关条件的文献，如图3-24 所示。

图 3-24 | 高级检索设置

2. 维普网的有关操作

任务布置：使用维普网进行论文查重。

任务实施：

（1）打开维普网官网，在页面上方单击【论文检测】选项，如图 3-25 所示，即可进入维普论文检测系统。

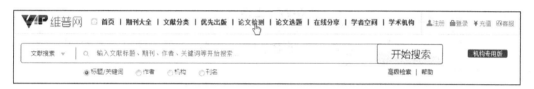

图 3-25 | 单击【论文检测】选项

（2）选择【个人用户】，有四个论文检测版本可供选择，即"大学生版""研究生版""编辑部版""职称认定版"，如图 3-26 所示。

图 3-26 | 个人用户界面

（3）单击进入【大学生版】，上传待查论文，如图 3-27 所示。

图 3-27 | 上传论文

（4）单击【下一步】按钮，确认提交论文信息，完成支付，即可下载检测后的论文，如图 3-28 所示。

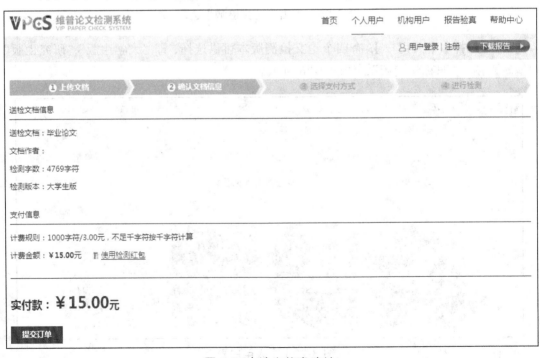

图 3-28 | 论文信息确认

任务 3.4　Outlook 的应用

打开 Outlook Express 软件，按下列要求进行操作。

1. 邮件收发的有关操作

任务布置：接收和阅读邮件，下载邮件的附件，回复邮件，给邮件添加附件。

任务实施：

（1）Outlook Express 是微软办公软件套装的组件之一，可以用其来收发电子邮件、管理联系人信息、记日记、安排日程、分配任务等，Outlook Express 主界面如图 3-29 所示。

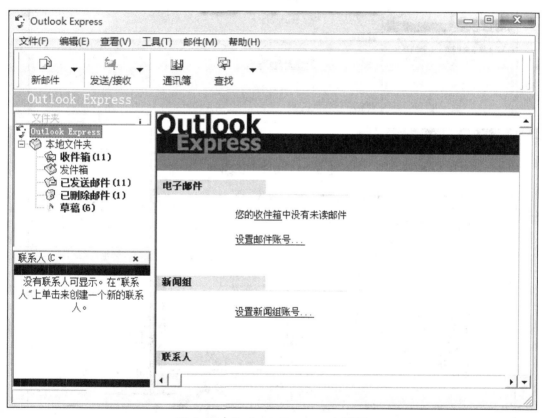

图 3-29 | Outlook Express 主界面

（2）单击【发送/接收】按钮，在下拉列表中选择【接收全部邮件】选项即可接收到最新邮件信息，如图 3-30 所示。

（3）在主界面左侧选择【收件箱】，在右侧即显示收件箱内的邮件，双击相关邮件即可查看所选邮件信息，如图 3-31 所示。

（4）在查看邮件界面中，选择【附件】栏内的附件，单击鼠标右键，在弹出的快捷菜单中选择【另存为】命令可对附件进行保存，如图 3-32 所示。

信息技术及素养实训教程

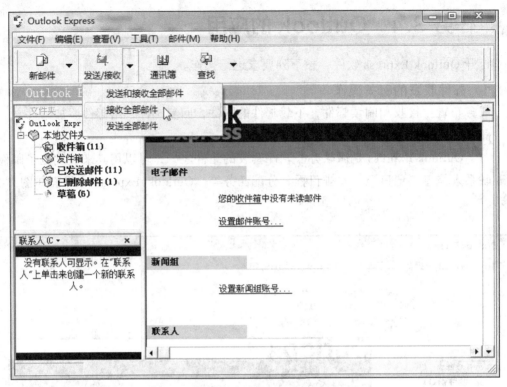

图 3-30 | 接收全部邮件

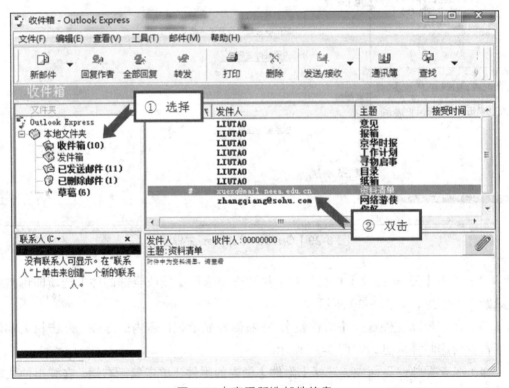

图 3-31 | 查看所选邮件信息

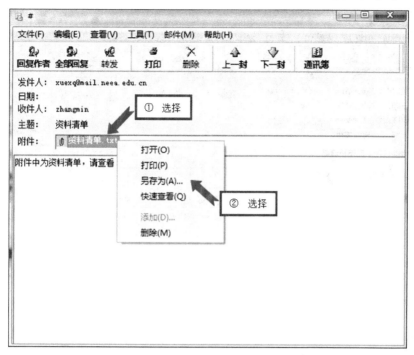

图 3-32 | 保存附件

（5）在弹出的【另存为】对话框中，可选择文件保存位置并对文件进行重命名，如图 3-33 所示。

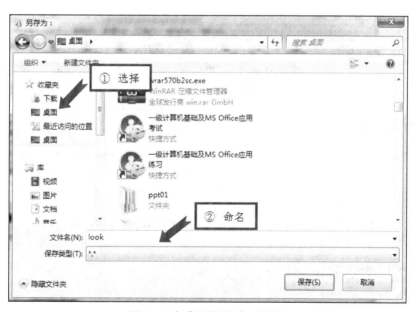

图 3-33 | 【另存为】对话框

（6）在查看邮件窗口中，单击左上角的【回复作者】按钮即可回复相应邮件，如图 3-34 所示。

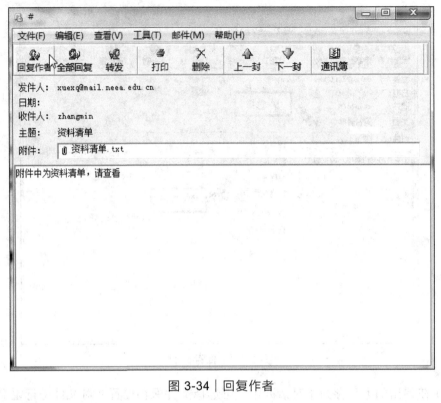

图 3-34 ｜ 回复作者

（7）在弹出的回复窗口中，单击【附加】按钮，如图 3-35 所示。

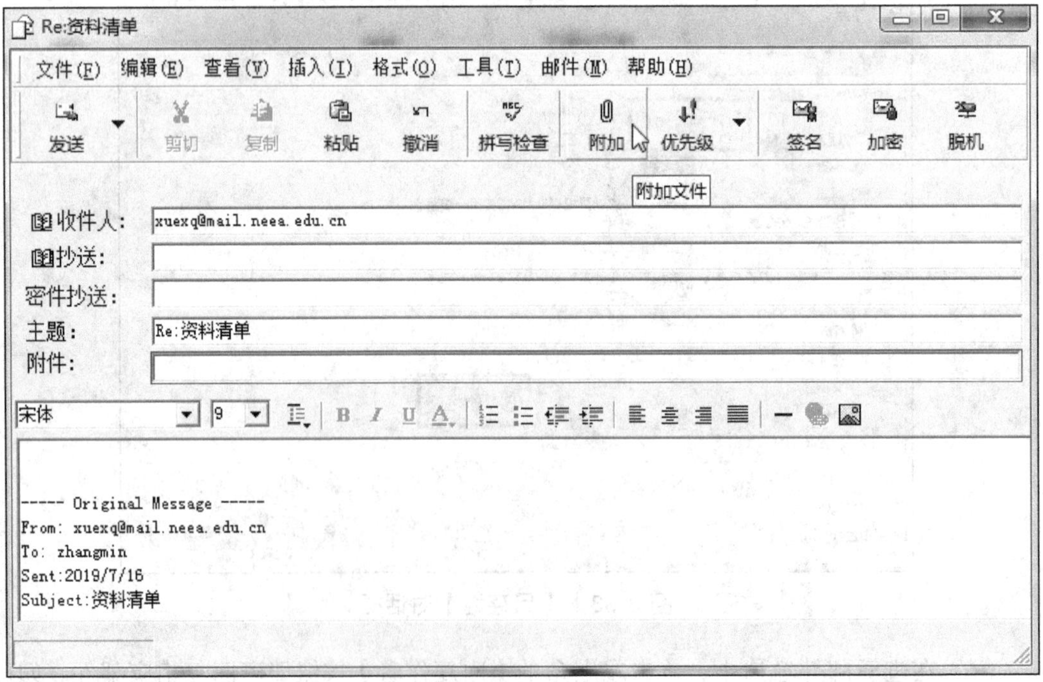

图 3-35 ｜ 添加附件

（8）在弹出的【打开】对话框中，浏览所要添加附件的文件夹，选择文件类型后添加相关附件，如图 3-36 所示。

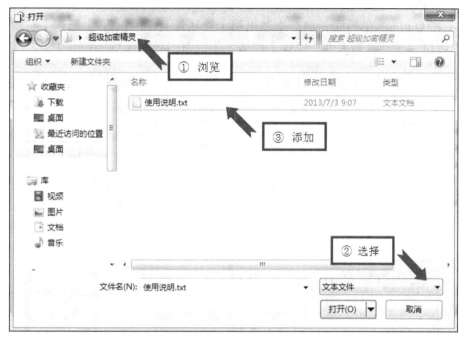

图 3-36 | 【打开】对话框

（9）在邮件回复窗口中的正文框内输入回复内容，单击【发送】按钮即可发送邮件，如图 3-37 所示。

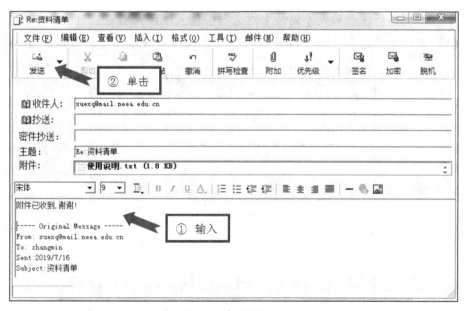

图 3-37 | 发送邮件

2．通讯簿设置的有关操作

任务布置：新建联系人、新建联系人小组、保存发件人信息至通讯簿。

任务实施：

（1）在 Outlook 主界面，单击【通讯簿】按钮进入【通讯簿-主标识】窗口，单击
【新建】按钮，在下拉列表中，选择【联系人】选项，如图 3-38 所示。

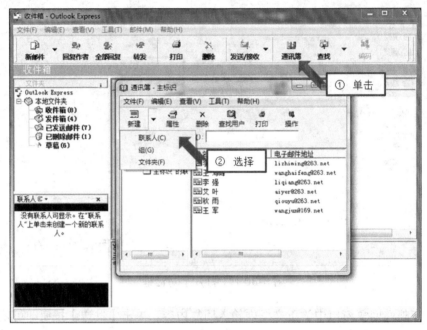

图 3-38 | 新建联系人

（2）在弹出的新建联系人【属性】对话框中输入联系人信息及地址，单击【添加】
按钮，然后单击【确定】按钮，如图 3-39 所示，即可将联系人信息添加到通讯簿中。

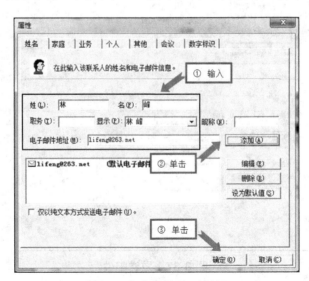

图 3-39 | 【属性】对话框

（3）在【通讯簿-主标识】窗口中单击【新建】按钮，在下拉列表中选择【组】选项，如图 3-40 所示。

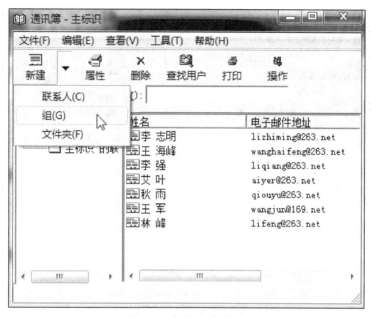

图 3-40 | 新建【组】

（4）在弹出的新建组【属性】对话框中创建组名并单击【选择成员】按钮，如图 3-41 所示。

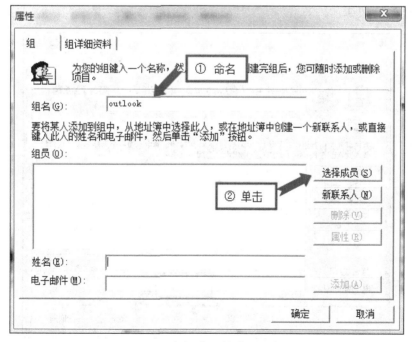

图 3-41 | 组【属性】对话框

（5）在弹出的【选择收件人】对话框中，选择左侧的联系人，单击【成员（T）：→】按钮，将其添加到右侧的组内，单击【确定】按钮，如图 3-42 所示。

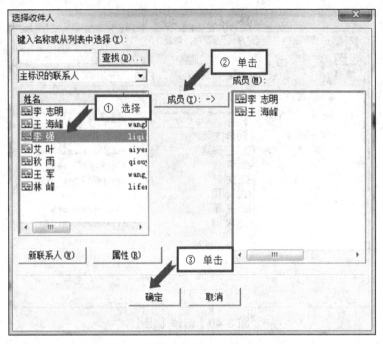

图 3-42 | 【选择收件人】对话框

（6）选择完成员后返回组【属性】对话框，即可查看组内的联系人，单击【确定】按钮，如图 3-43 所示。

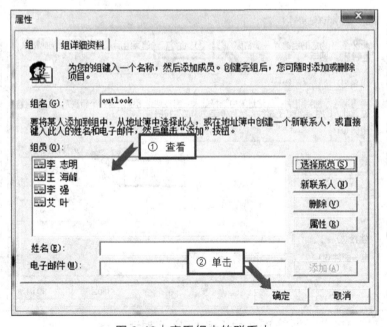

图 3-43 | 查看组内的联系人

（7）查看新建【组】名及组内联系人，如图 3-44 所示。

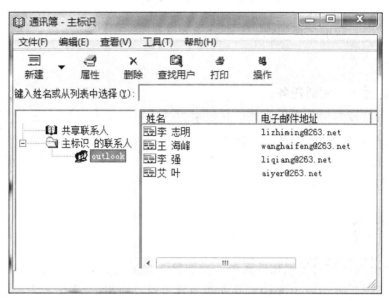

图 3-44｜查看【组】信息

（8）在 Outlook 主界面选择待保存联系人的邮件，单击鼠标右键，选择【将发件人添加到通讯簿】命令，如图 3-45 所示。

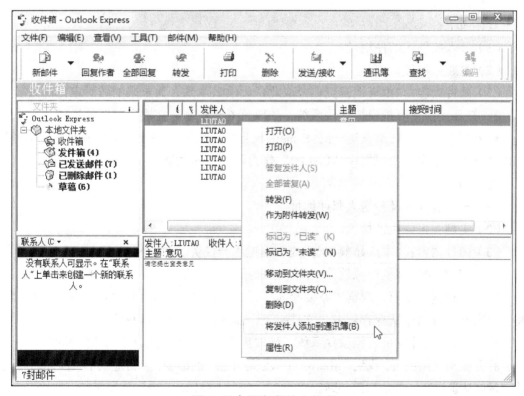

图 3-45｜保存发件人信息

任务 3.5　下载工具与即时聊天工具

扫描二维码，获取拓展知识。

实训小结：

任务 3.5

本项目通过 5 个实训任务，帮助学生练习并掌握 IE 浏览器的使用技巧、使用百度搜索引擎进行网络信息检索的技巧、使用中国知网进行网络文献检索及下载的技巧、使用维普网进行论文查重的操作、使用 Outlook Express 进行邮件处理的操作和常用网络工具——迅雷和微信的使用技巧。

 # 操作习题

1. 打开全国计算机模拟软件系统，抽取第 3 套试题，完成上网题的操作。

接收并阅读新收到的 E-mail，并立即回复，回复内容："您所要索取的资料已用快递寄出。"将考生文件夹下的一个资料清单文件"Work.txt"作为附件一起发送。

2. 打开全国计算机模拟软件系统，抽取第 4 套试题，完成上网题的操作。

向张卫国同学发一封 E-mail，祝贺他考入北京大学，并将考生文件夹下的一个贺卡文件"Ka.txt"作为附件一起发送。

具体如下：

（1）导入收件人邮件地址。

（2）主题：祝贺。

（3）函件内容："由衷地祝贺你考取北京大学数学系，为未来的数学家而高兴。"

3. 打开全国计算机模拟软件系统，抽取第 6 套试题，完成上网题的操作。

向公司部门经理汪某发送一封 E-mail 报告生产情况，并抄送总经理刘某。将考生文件夹下的一个生产情况文件"List.txt"作为附件一起发送。

具体如下：

（1）导入收件人及抄送人邮件地址。

（2）主题：报告生产情况。

（3）函件内容："本厂超额 5%完成一季度生产任务。"

4. 打开全国计算机模拟软件系统，抽取第 7 套试题，完成上网题的操作。

打开模拟网站主页，浏览"等级考试"页面，查找"等级考试介绍"的页面内容并将其以文本文件的格式保存到考生文件夹下，命名为"DJKDJS.txt"。

5. 打开全国计算机模拟软件系统，抽取第 30 套试题，完成上网题的操作。

打开模拟网站主页，找到"Microsoft 认证的介绍"的链接，单击进入子页面详细浏览，将"微软认证说明"的信息复制到新建的文本文件"T61.txt"中，放置在考生文件夹内。

6. 打开 IE 浏览器，按下列要求完成操作并保存。

（1）打开 IE 浏览器，用百度搜索引擎搜索厦门海洋学院并将学院网站设置为主页，将其添加到收藏夹中。

（2）在收藏夹中创建一个文件夹，命名为"海洋学院"。将收藏的学院主页添加到该文件夹中。

（3）把 IP 地址 192.168.5.120 设为代理服务器，端口号 808。

7. 打开维普网首页，搜索同时满足下列要求的学术文章并保存结果。

（1）以发文机构"厦门海洋职业技术学院"为论文搜索条件 1。

（2）以发文年份"2017 年以来"为论文搜索条件 2。

（3）以期刊范围"CSCD 来源期刊"和"CSSCI 来源期刊"为论文搜索条件 3。

（4）将搜索结果截图上传。

项目 4

Word 2010 应用

实训目的：

1. 掌握使用 Word 2010 进行文档格式设置的基本操作；

2. 掌握 Word 2010 中表格的制作、编辑与数据处理等基本操作；

3. 掌握 Word 2010 中图文混排与艺术字的使用；

4. 掌握使用 Word 2010 进行长文档格式编辑的要领。

实训内容：

1. 通过任务 4.1，掌握页面设置，字体和段落格式设置，格式刷、分隔符的使用，插入图片、艺术字、超级链接的方法，项目符号、编号、页眉页脚的设置方法；

2. 通过任务 4.2，掌握样式的新建、修改及应用，插入批注、页码、水印，英文字符更改大小写的设置，分栏、文本带格式替换的操作；

3. 通过任务 4.3 文档，掌握表格与文本相互转换、表格基本格式设置、表格自动套用格式、表格的合并与拆分、表格中的数据排序与公式函数、表格的创建、单元格的合并与拆分、设置行高和列宽、对齐方式、斜线表头、设置表格的边框和底纹、插入页码、单独设定某段落的每行字符数、基本图形的绘制及设置脚注尾注的操作；

4. 通过任务 4.4，掌握页面设置、页眉页脚设置、章节标题的样式设置、正文的格式设置、正文以外的其他内容的格式设置、自动生成目录及目录格式设置、插入封面、插入图、表的题注及题注的格式设置。

任务 4.1　文档"华侨旗帜，民族光辉"格式排版

使用 Word 2010 打开"华侨旗帜，民族光辉.docx"文档，按下列格式编排要求进行操作。

1. 设置页面

任务布置：设置页面纸型为 A4，上、下、左、右页边距均为 2.5 厘米，指定每页 45 行，每行 42 个字符。

任务实施：

（1）打开【页面布局】选项卡，在【纸张大小】下拉列表框中选择【A4】选项，如图 4-1 所示。

（2）选择【页边距】下拉列表中的【自定义边距】选项，在弹出的【页面设置】对话框中将上、下、左、右页边距的值设置为 2.5 厘米，如图 4-2 所示。

（3）在【文档网格】选项卡中的【网格】栏中，选中【指定行和字符网格】单选按钮；此处需注意不可选中【文字对齐字符网格】单选按钮，否则虽然此时看不出此错误设置与正确设置的区别，但后续进行其他格式设置操作时将会受限；在【字符数】栏中指定每行的值为"42"；在【行数】栏中进行指定每页的值为"45"，如图 4-3 所示。单击【确定】按钮返回。

图 4-1 | 设置纸张大小

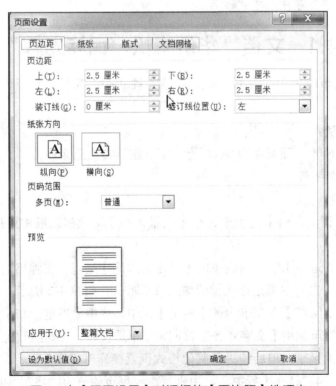

图 4-2 | 【页面设置】对话框的【页边距】选项卡

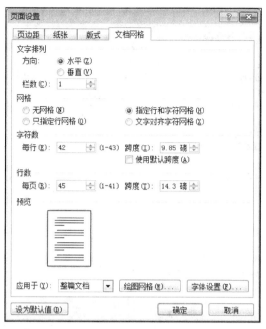

图 4-3 │【页面设置】对话框的【文档网格】选项卡

2. 设置字体和段落的基本格式

任务布置：

（1）将标题（即"华侨旗帜，民族光辉"）居中，字体设置为华文楷体、二号、加粗、红色，文字底下加着重号，字符间距为加宽 1 磅；文字效果为"阴影—左下斜偏移"，并添加"青绿"作为突出显示；段前间距、段后间距各 1 行。副标题（即"陈嘉庚先生简介"）居中，字体设置为黑体、三号；

（2）设置正文所有段落左右缩进 2 个字符，首行缩进 2 个字符，段前间距、段后间距各 0.5 行，行距 1.1 倍；

（3）为正文第 1 段文字"陈嘉庚先生是伟大的爱国主义者……驰名海内外的大实业家。"添加图案样式为"浅色棚架"、图案颜色为"橙色（标准色）"的底纹，并应用于文字。

任务实施：

（1）选中标题行，打开【开始】选项卡，在【段落】组中选择【居中】按钮，如图 4-4 所示；在【字体】组中单击右下角的【字体】按钮，打开【字体】对话框。

图 4-4 │【段落】组中的【居中】按钮

（2）在【字体】对话框的【字体】选项卡中将文字设置为华文楷体、二号、加粗、红色，文字底下加着重号，如图 4-5 所示。

图 4-5 |【字体】对话框的【字体】选项卡

（3）打开【字体】对话框的【高级】选项卡，在【间距】下拉列表中选择"加宽"，将【磅值】设置为"3 磅"，如图 4-6 所示；单击下方的【文字效果】按钮，打开【设置文本效果格式】对话框，在对话框左侧选择【阴影】选项，在右侧【预设】下拉列表框中选择"左下斜偏移"，如图 4-7 所示；单击【确定】按钮返回。

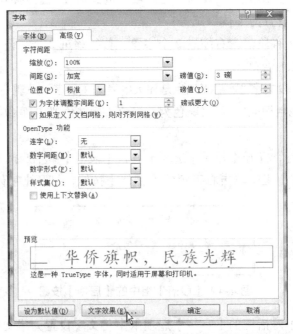

图 4-6 |【字体】对话框的【高级】选项卡

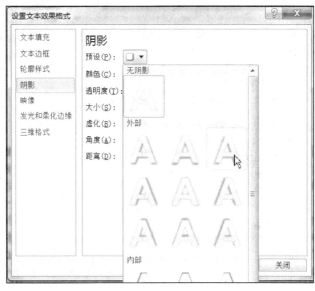

图 4-7 | 【设置文本效果格式】对话框

（4）选中标题行，在【开始】选项卡的【字体】组中单击【以不同颜色突出显示文本】按钮右侧的下三角按钮，在展开的下拉列表框中选择颜色"青绿"，如图 4-8 所示；单击【段落】组中右下角的【段落】按钮，打开【段落】对话框；在【缩进和间距】选项卡的【间距】栏中，设置【段前】【段后】为"1 行"，如图 4-9 所示；单击【确定】按钮返回。

图 4-8 | 【以不同颜色突出显示文本】下拉列表框

（5）选中副标题，按上述方法设置格式为居中、黑体、三号。

（6）选中除标题及副标题以外的所有正文，在【开始】选项卡中单击【段落】组中右下角的【段落】按钮，打开【段落】对话框；在【缩进和间距】选项卡的【缩进】栏中设置【文本之前】【文本之后】为"2 字符"；在【特殊格式】下拉列表中选择"首行缩进"，将【磅值】设置为"2 字符"；在【间距】栏中设置【段前】【段后】为"0.5 行"；在【行距】下拉列表中选择"多倍行距"，并在其右侧【设置值】处输入"1.1"，如图 4-10 所示；单击【确定】按钮返回。

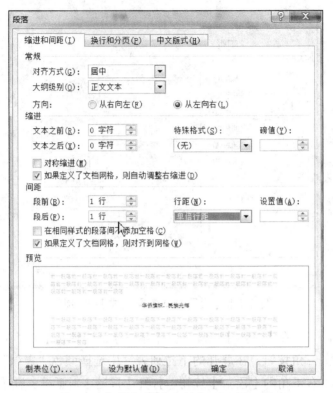

图 4-9｜标题行的【段落】对话框设置

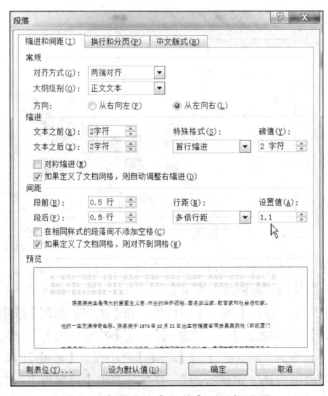

图 4-10｜正文的【段落】对话框设置

（7）选中第 1 段文字"陈嘉庚先生是伟大的爱国主义者……驰名海内外的大实业家。"在【开始】选项卡中单击【段落】组中的【边框和底纹】按钮，打开【边框和底纹】对话框；在【底纹】选项卡中设置【图案】栏中的【样式】为"浅色棚架"、【颜色】为标准色"橙色"；在对话框右下角的【应用于】下拉列表中选择"文字"，如图 4-11 所示；单击【确定】按钮返回。

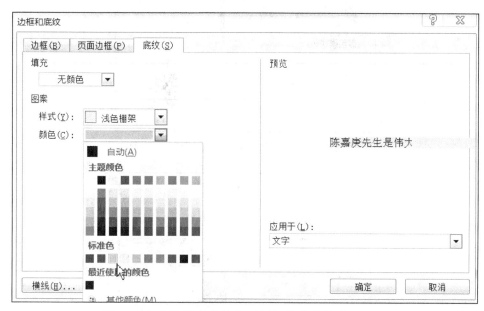

图 4-11｜【边框和底纹】对话框的【底纹】选项卡

3. 使用格式刷

任务布置：设置正文第 3 段"开拓实业"格式为华文彩云字体、18 磅，字体颜色为自定义值"R:0，G:0，B:128"，并添加深红色单波浪下划线，设置字符间距为"紧缩"、文字效果为"发光变体—蓝色，8pt 发光，强调文字颜色 1"，取消首行缩进 2 个字符格式；并运用格式刷将第 5 段"举善兴学"、第 7 段"助力抗战"、第 9 段"建设祖国"和第 11 段"关爱同胞"设置为与第 3 段相同的格式。

任务实施：

（1）选中第 3 段"开拓实业"，在【开始】选项卡的【字体】组中的【字体】下拉列表中选择"华文彩云"；在【字号】输入框中输入"18"后，按【Enter】键；单击【字体颜色】按钮右侧的下三角按钮，在下拉列表中选择【其他颜色（M）…】选项，打开【颜色】对话框，在【自定义】选项卡中选择 RGB 颜色模式，分别设置【红色】【绿色】【蓝色】为 0、0、128，如图 4-12 所示，单击【确定】按钮关闭对话框；单击【下划线】按钮右侧的下三角按钮，在下拉列表中选择【波浪线】线型、选择【下划线颜色】为标准色"深红色"，如图 4-13 所示；单击【文本效果】下拉按钮，在下拉列表中的【发光】子列表中选择"发光变体—蓝色，8pt 发光，强调文字颜色 1"选项，如图 4-14 所示。

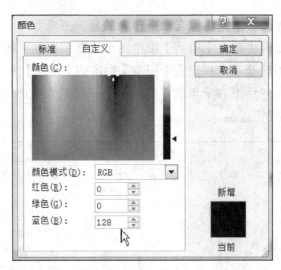

图 4-12 | 【颜色】对话框的【自定义】选项卡

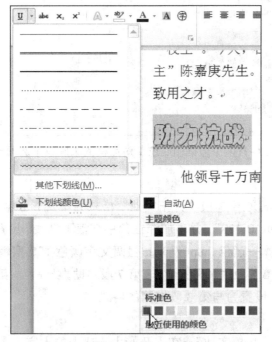

图 4-13 | 【下划线】下拉列表

（2）选中第 3 段"开拓实业"，在【开始】选项卡中单击【段落】组中右下角的【段落】按钮，打开【段落】对话框，在【特殊格式】下拉列表中选择"无"，如图 4-15 所示，单击【确定】按钮返回。

（3）选中第 3 段"开拓实业"，双击【开始】选项卡的【剪贴板】组中的【格式刷】按钮 ，分别在第 5 段"举善兴学"、第 7 段"助力抗战"、第 9 段"建设祖国"和第 11 段"关爱同胞"处自右向左进行刷动操作；再次单击【格式刷】按钮 ，退出格式刷功能。

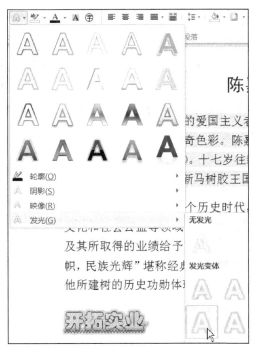

图 4-14 | 【文本效果】下拉列表

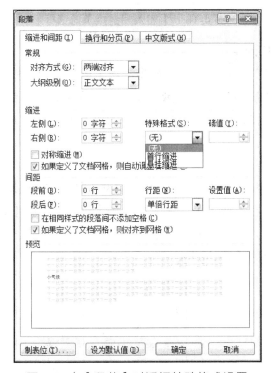

图 4-15 | 【段落】对话框特殊格式设置

4. 设置超级链接

任务布置：为正文第 6 段的文本 "'校主生平'网页" 添加超链接，所需链接网址可在厦门大学主页上寻找。

任务实施：

选中正文第 6 段的文本"'校主生平'网页"，在【插入】选项卡中单击【链接】组中的【超链接】按钮，打开【插入超链接】对话框，在【链接到】栏中选择"现有文件或网页"，在下方的【地址】输入框中输入从厦门大学主页上查询到的链接网址，如图 4-16 所示，单击【确定】按钮返回。

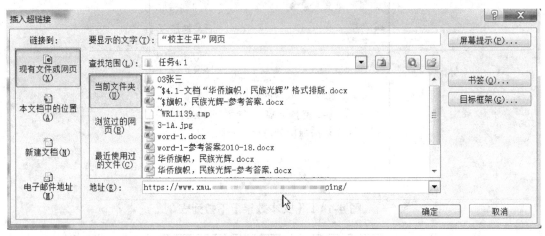

图 4-16 |【插入超链接】对话框

5. 设置分页、艺术字

任务布置：在倒数第 5 段"陈嘉庚毕生主要贡献"前插入分页符，将最后 5 段放在第 3 页；将文本"陈嘉庚毕生主要贡献"设置为艺术字，艺术字样式为"填充—橙色，强调文字颜色 6，渐变轮廓—强调文字颜色 6"，文本效果为"转换—跟随路径—上弯弧"，位置为"顶端居中，四周型文字环绕"。

任务实施：

（1）把光标置于倒数第 5 段"陈嘉庚毕生主要贡献"前（注意此处不是选中文本"陈嘉庚毕生主要贡献"），在【插入】选项卡中单击【页】组中的【分页】按钮，如图 4-17 所示，完成分页符的插入；如需显示所插入的分页符，可在【开始】选项卡中单击【段落】组中的【显示/隐藏编辑标记】按钮。

图 4-17 |【分页】按钮

（2）选中文本"陈嘉庚毕生主要贡献"，注意不要选中其后的段落标志，在【插入】

选项卡中单击【文本】组中的【艺术字】下拉按钮，在展开的列表框中选择第 3 行第 2 列的艺术字样式"填充—橙色，强调文字颜色 6，渐变轮廓—强调文字颜色 6"，如图 4-18 所示。

图 4-18 | 【艺术字】下拉列表框

（3）选中新生成的艺术字，单击【绘图工具】—【格式】选项卡的【艺术字式样】组中的【文本效果】下拉按钮，在展开的列表框中选择【转换—跟随路径—上弯弧】选项，如图 4-19 所示。

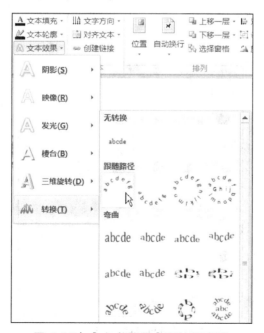

图 4-19 | 【文本效果】下拉列表框

（4）选中新生成的艺术字，单击【绘图工具】—【格式】选项卡的【排列】组中的【位置】下拉按钮，在展开的列表框中选择【文字环绕】中的"顶端居中，四周型文字环绕"选项，如图4-20所示。

图 4-20 【位置】下拉列表框

6. 设置项目符号和编号

任务布置：为最后4段添加项目符号"➡"。

任务实施：

（1）选中最后4段文字，单击【开始】—【段落】—【项目符号】按钮右侧的下三角按钮，在展开的下拉列表中选择【定义新项目符号】选项，如图4-21所示，打开【定义新项目符号】对话框。

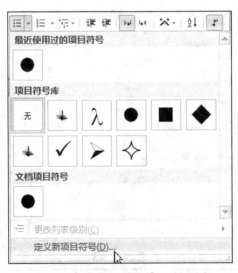

图 4-21 【项目符号】下拉列表

（2）在【定义新项目符号】对话框中单击【图片】按钮，如图 4-22 所示，打开【图片项目符号】对话框。

图 4-22 ｜【定义新项目符号】对话框

（3）在【图片项目符号】对话框中选择合适的图片，如图 4-23 所示，单击【确定】按钮返回。如果按上述步骤操作后，文档中没有出现所选的项目符号，可能是软件本身的问题；可以在不撤销之前操作步骤的前提下，通过重做一遍上述操作来解决。

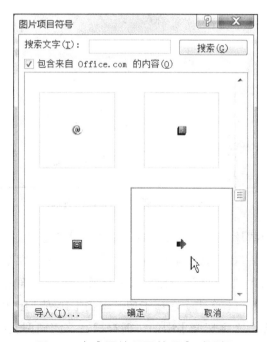

图 4-23 ｜【图片项目符号】对话框

7. 插入图片

任务布置：在第 3 页文字"兴办实业"右侧插入"素材 4"中的图片文件"3-1cjg.jpg"，尺寸大小为原来的 120%，位置为"顶端居右，四周型文字环绕"，最后将其位置调整为"水平—绝对位置—10 厘米，垂直—绝对位置—3 厘米"。

任务实施：

（1）将光标置于第 3 页文字"兴办实业"右侧，单击【插入】选项卡的【插图】组中的【图片】按钮，打开【插入图片】对话框，选择适当的图片，如图 4-24 所示，单击【插入】按钮返回。

图 4-24 │【插入图片】对话框

（2）单击新插入的图片，在【图片工具】—【格式】选项卡中单击【大小】组中的【高级版式：大小】按钮；在打开的【布局】对话框中选择【大小】选项卡，在【缩放】栏中的【高度】框中输入"120%"，如图 4-25 所示，单击【确定】按钮返回。

（3）在【图片工具】—【格式】选项卡中，单击【排列】组中的【位置】下拉按钮；在展开的列表框中选择【文字环绕】中的"顶端居右，四周型文字环绕"，如图 4-26 所示；选择【其他布局选项】选项，在打开的【布局】对话框中选择【位置】选项卡，设

置【水平】的【绝对位置】为"10 厘米"、【垂直】的【绝对位置】为"3 厘米",如图
4-27 所示,单击【确定】按钮返回。

图 4-25 |【布局】对话框的【大小】选项卡

图 4-26 |【位置】下拉列表框

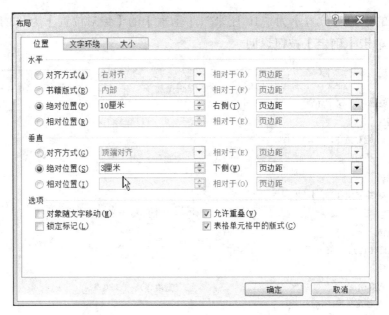

图 4-27 | 【布局】对话框的【位置】选项卡

8. 设置页面颜色和奇偶页不同的页眉

任务布置：设置页面颜色为"水绿色，强调文字颜色 5，淡色 80%"；在奇数页插入内置的"奥斯汀"页眉，文字为"华侨旗帜，民族光辉"；在偶数页插入内置的"空白"页眉，文字为"任务 4.1"，去除页眉的横线；在奇数页页脚插入文件名、偶数页页脚插入作者。

任务实施：

（1）单击【页面布局】选项卡的【页面背景】组中的【页面颜色】下拉按钮，在展开的列表框中选择【主题颜色】中的"水绿色，强调文字颜色 5，淡色 80%"，如图 4-28 所示。

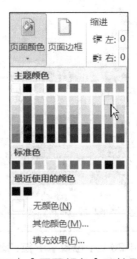

图 4-28 | 【页面颜色】下拉列表框

（2）单击【页面布局】选项卡的【页面设置】组中右下角的【页面设置】按钮，打开【页面设置】对话框；在【版式】选项卡中的【页眉和页脚】栏中，选中【奇偶页不同】复选框，如图 4-29 所示，单击【确定】按钮返回。

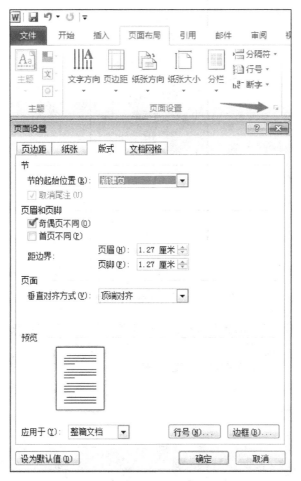

图 4-29 |【页面设置】对话框

（3）单击【插入】选项卡的【页眉和页脚】组中的【页眉】按钮，在下拉列表中选择 "奥斯汀" 页眉，进入页眉和页脚编辑状态；在第 1 页的页眉处输入文本 "华侨旗帜，民族光辉"；同时选中页眉横线上方的段落 "华侨旗帜，民族光辉" 和后续空白段落标志 ，单击【开始】选项卡的【段落】组中的【下框线】右侧的下三角按钮，在打开的下拉列表中选择 "无框线" 选项，如图 4-30 所示；将光标定位到偶数页页眉处，以相同的方法设置偶数页页眉为 "任务 4.1"，并去除偶数页页眉的横线。

（4）将光标定位到奇数页页脚处，单击【插入】选项卡的【文本】组中的【文档部件】下拉按钮，在下拉列表中选择【域】选项，在打开的【域】对话框中选择域名 "FileName"，如图 4-31 所示。将光标定位到偶数页页脚处，以相同的方法设置偶数页页脚的域名为 "Author"。单击【保存】按钮并关闭文档。

图 4-30 | 【下框线】下拉列表

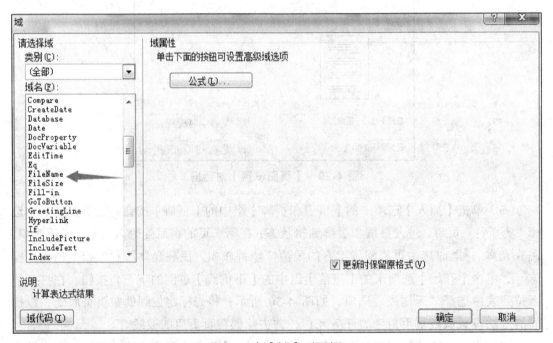

图 4-31 | 【域】对话框

　　任务 4.1 "华侨旗帜,民族光辉.docx" 文档的最终效果如图 4-32、图 4-33 所示。保存并关闭文档。

华侨旗帜，民族光辉

华侨旗帜　民族光辉

陈嘉庚先生简介

陈嘉庚先生是伟大的爱国主义者、杰出的华侨领袖、著名实业家、教育家和社会活动家。他的一生充满传奇色彩。陈嘉庚于 1874 年 10 月 21 日出生在福建省同安县集美社（即现厦门市集美区）。十七岁往新加坡从父经商，以橡胶和胶制品业为主，鼎盛时期其销售网遍及全球，谓新马树胶王国的四大开拓者之一，成为驰名海内外的大实业家。

陈嘉庚毕生跨越三个历史时代，是一位著名的世纪伟人，其事迹涉及经济、政治、文化和社会公益等领域，而且均在这些领域内做出了不菲成绩，海内外普遍对他的事迹及其所取得的业绩给予高度认可和赞赏，1945 年 11 月毛泽东为他而作的题词"华侨旗帜，民族光辉"堪称经典概括。可以说，陈嘉庚的一生是奋斗的一生，也是贡献的一生，他所建树的历史功勋体现在以下方面：

开拓实业

他推动了侨居地经济发展，为祖国工商业发展做出了示范。

举善兴学

1913 年 3 月陈嘉庚先生创办集美高初两等小学校为起点，此后相继创办、资助福建省 20 个县市的 70 余所中小学，补助总额达193227银元，全部由陈嘉庚承担。1920年2月陈嘉庚先生创办了厦门海洋学院的前身集美学校水产科。1921 年，陈嘉庚认捐开办费100 万元，常年费分 12 年付款共 300 万元，创办了厦门大学，厦门大学于 1921 年 4 月 6 日开学，陈嘉庚独力维持 16 年。厦门大学、海洋学院等院校均尊称陈嘉庚先生为"校主"。今天，在厦大、海院等院校官网的显赫位置上均有"校主生平"网页介绍"校主"陈嘉庚先生。他为侨居地和祖国的教育事业做出卓越贡献，为社会培育出大量经世致用之才。

助力抗战

他领导千万南侨同仇敌忾，为祖国赢得民族自卫战争做出不可磨灭贡献。

建设祖国

他为祖国的建设鞠躬尽瘁，老骥伏枥，为扩建厦集二校亲力亲为，为家乡发展积极代言。

华侨旗帜，民族光辉-参考答案.docx

图 4-32 | "华侨旗帜，民族光辉"文档效果图 1

华侨旗帜，民族光辉

陈嘉庚毕生主要贡献

➡ 兴办实业

➡ 支持抗日

➡ 建设祖国

➡ 兴办教育

图 4-33 │ "华侨旗帜，民族光辉"文档效果图 2

任务 4.2　文档"春风化雨，桃李满园"格式排版

使用 Word 2010 打开"春风化雨，桃李满园.docx"文档，按下列格式编排要求进行操作。

1. 去除文档中的表框，添加页面边框

任务布置：将文档中的表框去掉，只留下其中的文本，为整个页面添加红色双波浪线方框。

任务实施：

（1）单击表框左上角的抓柄选择整个表框，单击【表格工具】—【布局】选项卡，在【数据】组中单击【转换为文本】按钮，如图 4-34 所示；打开【表格转换成文本】对话框，转换选项取默认值，如图 4-35 所示，单击【确定】按钮返回。

图 4-34 │【布局】选项卡

图 4-35 | 【表格转换成文本】对话框

（2）将光标置于正文任意位置，打开【页面布局】选项卡，在【页面背景】组中单击【页面边框】按钮，弹出【边框和底纹】对话框；选择【页面边框】选项卡，设置页面边框为"方框"、样式为"双波浪线"、颜色为"红色"，如图 4-36 所示，单击【确定】按钮即可。

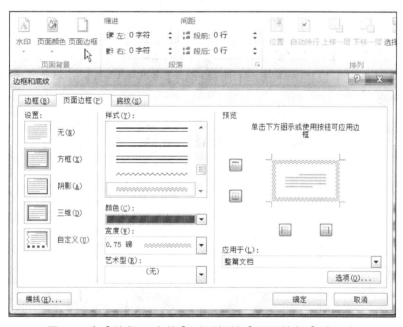

图 4-36 | 【边框和底纹】对话框的【页面边框】选项卡

2. 应用样式、修改样式及新建样式

任务布置：将"标题 1"样式应用于文章标题；修改"正文"样式为"中文字体宋体、英文字体 Times New Roman，字号小四，首行缩进 2 个字符，行距固定值 20 磅"；取消副标题文本"厦门海洋学院简介"上的超链接，设置副标题样式为"华文楷体、红色、三号字、居中、段后间距 1 行"；以"正文"样式为基准样式，新建名为"WD02"的新样式（蓝色，红色波浪下划线；双实线浅绿色段落边框，"紫色，强调文字颜色 4，淡色 80%"的段落底纹），并将新样式"WD02"应用于正文第 1 段"厦门海洋学院位于……示范性现代职业院校建设院校。"

任务实施：

（1）选中文章标题"春风化雨，桃李满园"，单击【开始】选项卡，在【样式】组中选择"标题1"样式，完成"标题1"样式的应用，如图4-37所示。

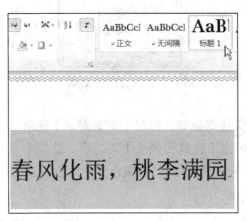

图4-37｜应用"标题1"样式

（2）将光标置于正文任意位置，单击【开始】选项卡，在【样式】组中单击【更改样式】下拉按钮，在下拉列表中选择【段落间距】子列表中的【自定义段落间距】选项，如图4-38所示。

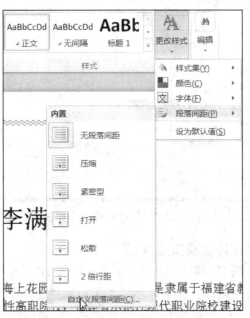

图4-38｜【更改样式】下拉列表

（3）在打开的【管理样式】对话框中选择【设置默认值】选项卡，在【字号】下拉列表中选择"小四"，在【中文字体】下拉列表中选择"宋体"，在【西文字体】下拉列表中选择"Times New Roman"，如图4-39所示。

图 4-39 | 【管理样式】对话框中的【字体】和【字号】设置

（4）在【段落位置】栏中，将【特殊格式】设置为"首行缩进"、【磅值】为"2 字符"；在【段落间距】栏中，将【行距】设置为"固定值"、【设置值】为"20 磅"，单击【确定】按钮返回，如图 4-40 所示。

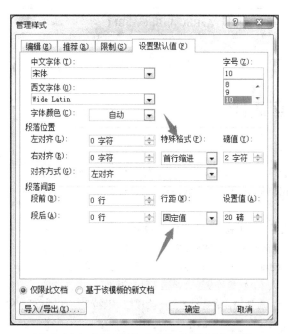

图 4-40 | 【特殊格式】和【行距】设置

（5）选中副标题文本"厦门海洋学院简介"，单击【插入】选项卡的【链接】组中的【超链接】按钮，打开【编辑超链接】对话框；单击右下角的【删除链接】按钮，就取消了链接，如图4-41所示。

图4-41｜单击【编辑超链接】对话框的【删除链接】按钮

（6）选中副标题文本"厦门海洋学院简介"，在【开始】选项卡的【字体】组中，设置"华文楷体，红色，三号字"；在【段落】组中，设置"居中，段后间距1行"。

（7）将光标置于正文第 1 段"厦门海洋学院位于……示范性现代职业院校建设院校。"任意位置，单击【开始】选项卡的【样式】组中右下角的【样式】按钮，在打开的【样式】任务窗格中单击左下角的【新建样式】按钮，如图 4-42 所示，打开【根据格式设置创建新样式】对话框。

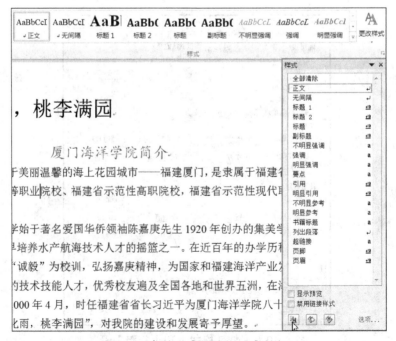

图4-42｜单击【新建样式】按钮

（8）在【根据格式设置创建新样式】对话框的【名称】输入框中输入新样式名
"WD02"，单击左下角的【格式】下拉按钮，在打开的下拉列表中选择【字体】选项，
如图 4-43 所示，打开【字体】对话框。

图 4-43｜【根据格式设置创建新样式】对话框

（9）在【字体】对话框中设置【字体颜色】为"蓝色"、【下划线线型】为"波浪线"、
【下划线颜色】为"红色"，如图 4-44 所示，单击【确定】按钮返回【根据格式设置创
建新样式】对话框；单击对话框左下角的【格式】下拉按钮，在打开的下拉列表中选择
【边框】选项，打开【边框和底纹】对话框。

（10）在【边框和底纹】对话框的【边框】选项卡中设置边框为"方框"、【样式】
为"双实线"、【颜色】为"浅绿"、【应用于】为"段落"，如图 4-45 所示；在【底纹】
选项卡的【填充】下拉列表框中选择"紫色，强调文字颜色 4，淡色 80%"，在右下角
的【应用于】处设置为"段落"，如图 4-46 所示，单击【确定】按钮返回。

（11）在步骤 7 已将光标置于正文第 1 段"厦门海洋学院位于……示范性现代职业
院校建设院校。"处，所以新建的样式"WD02"会自动应用于正文第 1 段，应用新样式
"WD02"后的效果如图 4-47 所示。

图 4-44 │【字体】对话框

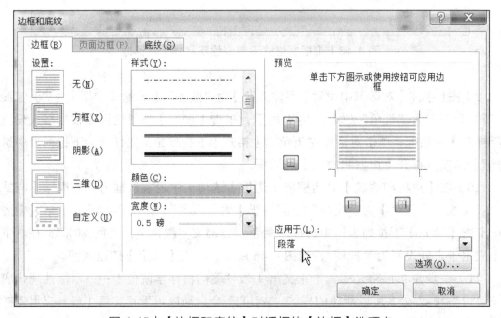

图 4-45 │【边框和底纹】对话框的【边框】选项卡

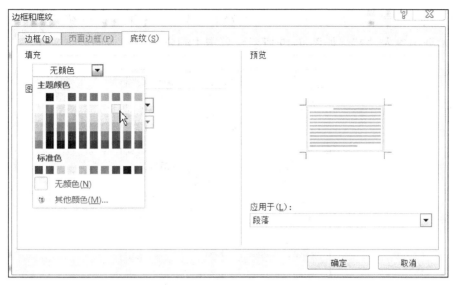

图 4-46 │【边框和底纹】对话框的【底纹】选项卡

厦门海洋学院位于美丽温馨的海上花园城市——福建厦门,是隶属于福建省教育厅的公办普通高等职业院校、福建省示范性高职院校,福建省示范性现代职业院校建设院校。

图 4-47 │ 新样式"WD02"的应用效果

3. 设置首字下沉、编号

任务布置:将正文第 2 段文字设置为"首字下沉",将"下沉行数"设置为 2 行。为正文中部的 5 个段落"中华龙舟大赛(福州站)……IRC-C 组季军。"添加编号"Ⅰ、Ⅱ、Ⅲ、Ⅳ、Ⅴ"。

任务实施:

(1)选中正文第 2 段文字"厦门海洋学院办学始于……",单击【插入】选项卡的【文本】组中的【首字下沉】下拉按钮,在下拉列表中选择【首字下沉选项】选项,如图 4-48 所示,弹出【首字下沉】对话框。

图 4-48 │【首字下沉】下拉列表

（2）在【首字下沉】对话框中的【位置】栏中选择【下沉】选项，在【下沉行数】
后的文本框中输入"2"，如图 4-49 所示，单击【确定】按钮返回。

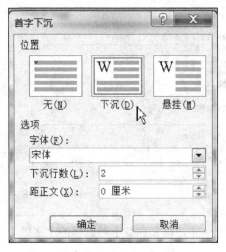

图 4-49 ｜【首字下沉】对话框

（3）选中正文中部的 5 个段落"中华龙舟大赛（福州站）……IRC-C 组季军。"，选
择【开始】选项卡，在【段落】组中单击【编号】右侧的下三角按钮，在展开的下拉列
表中选择【定义新编号格式】选项，如图 4-50 所示，弹出【定义新编号格式】对话框。

图 4-50 ｜【编号】下拉列表

（4）在【定义新编号格式】对话框中的【编号样式】下拉列表中选择"Ⅰ，Ⅱ，Ⅲ，…"选项，如图 4-51 所示，单击【确定】按钮返回。如果按上述步骤操作后，文档中没有出现所选的编号，可能是软件本身的问题；可以在不撤销之前操作步骤的前提下，通过重做一遍上述操作来解决。

图 4-51｜【定义新编号格式】对话框

4．插入批注和段落底纹设置

任务布置：为正文第 2 段中的文本"诚毅"插入"诚以待人，毅以处事。"批注；为正文第 5 段的文本"厦门海洋学院紧紧围绕……11 金、11 银、14 铜。"添加底纹，底纹的图案样式为"35%"，颜色为"绿色"，并选择应用于"文字"。

任务实施：

（1）选中正文第 2 段中的文本"诚毅"，单击【审阅】选项卡的【批注】组中的【新建批注】按钮，如图 4-52 所示。

图 4-52｜单击【新建批注】按钮

（2）在正文右侧出现的批注框内，输入"诚以待人，毅以处事。"批注，如图 4-53 所示。

厦门海洋学院以"诚毅"为校训，弘扬嘉庚精神，为国家和……　　批注 [a1]：诚以待人，毅以处事。

图 4-53｜插入批注的效果图

（3）选中正文第 5 段的文本"厦门海洋学院紧紧围绕……11 金、11 银、14 铜。"，在【开始】选项卡的【段落】组中，单击【下框线】右侧的下三角按钮，在展开的下拉列表中选择【边框和底纹】选项，如图 4-54 所示，打开【边框和底纹】对话框；在【底纹】选项卡中，设置图案【样式】为"35%"、【颜色】为"绿色"、【应用于】为"文字"，如图 4-55 所示，单击【确定】按钮返回。

图 4-54 | 【下框线】下拉列表

图 4-55 | 【边框和底纹】对话框

（4）正文第 5 段文本添加文字底纹后的效果如图 4-56 所示。

厦门海洋学院紧紧围绕高素质技术技能人才的培养目标定位，探索校企协同育人的"学徒制""二元制""协同创新班"等多种培养方式。坚持创新创业教育与技能竞赛双轮驱动，并先后获各类大学生创新创业竞赛省级以上赛事11金、11银、14铜。

图 4-56 | 添加文字底纹后的效果图

5. 设置带格式的替换

任务布置：将文档中所有的"厦门海洋学院"替换为"厦门海洋职业技术学院"，字体颜色设置为粉红色（R:255，G:0，B:255），并加着重号。

任务实施：

（1）将光标置于文档的任意位置（切勿选中部分文档），单击【开始】选项卡的【编辑】组中的【替换】按钮，打开【查找和替换】对话框；在【查找和替换】对话框中，输入【查找内容】和【替换为】的内容，如图 4-57 所示，单击【更多】按钮，展开更多选项。

图 4-57 | 【查找和替换】对话框

（2）首先拖动鼠标选中【替换为】文本框中的文本"厦门海洋职业技术学院"，再单击【格式】下拉按钮，在打开的下拉列表中选择【字体】选项，如图 4-58 所示，打开【替换字体】对话框；在对话框中设置字体颜色为粉红色（R:255，G:0，B:255），加着重号，如图 4-59 所示，单击【确定】按钮返回。

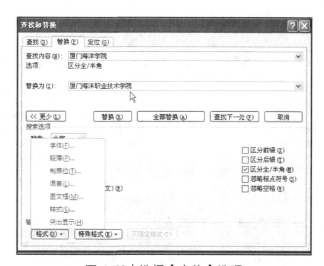

图 4-58 | 选择【字体】选项

图 4-59 │【替换字体】对话框

（3）在【查找和替换】对话框中，确保【查找内容】—【格式】项目下的内容必须为空，在【替换为】—【格式】项目下的内容必须是替换后的格式"字体颜色：粉红，点"，正确的设置结果如图 4-60 所示。单击【全部替换】按钮完成带格式的替换操作。

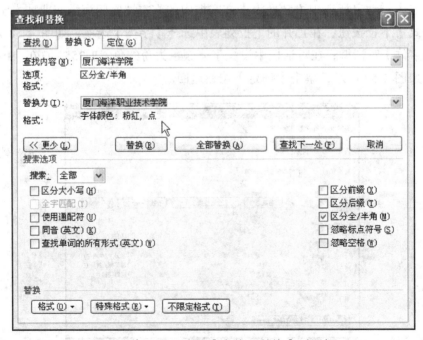

图 4-60 │ 设置正确的【查找和替换】对话框

（4）带格式的替换操作中常见的错误是把替换后的格式错误地加在【查找内容】的文本"厦门海洋学院"上，如图 4-61 所示；解决此错误的方法是：先选中【查找内容】的文本"厦门海洋学院"，再单击下方的【不限定格式】按钮，清除查找内容的格式；重新选中【替换为】项目下的文本"厦门海洋职业技术学院"，再为其设置正确的格式。

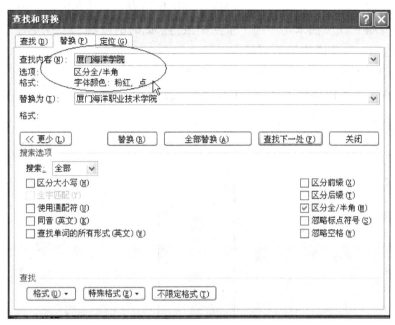

图 4-61｜设置错误的【查找和替换】对话框

6. 更改大小写

任务布置：将倒数第 2 段的英文段落设置为句首字母大写。

任务实施：

（1）选中倒数第 2 段的英文段落，单击【开始】选项卡的【字体】组中的【更改大小写】下拉按钮，打开下拉列表，如图 4-62 所示。

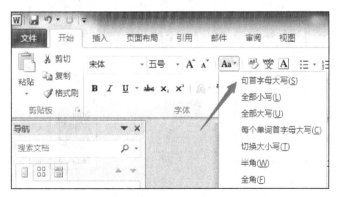

图 4-62｜【更改大小写】的下拉列表

（2）在【更改大小写】下拉列表中选择【句首字母大写】选项。

7．设置分栏

任务布置：将正文最后一段"陈嘉庚的兴学动机……仍具有启迪意义。"分成等宽的两栏，栏间加分隔线，栏间距 2 字符。

任务实施：

（1）直接对最后一个段落执行分栏操作会出现错误。先把光标定位在文档末尾，然后按【Enter】键，在文档末尾添加一个空白段落。此时的段落"陈嘉庚的兴学动机……仍具有启迪意义。"变成文档的倒数第二段。

（2）选中正文倒数第 2 段"陈嘉庚的兴学动机……仍具有启迪意义。"，单击【页面布局】选项卡的【页面设置】组中的【分栏】下拉按钮，在下拉列表中选择【更多分栏】选项，如图 4-63 所示，弹出【分栏】对话框。

图 4-63 【分栏】下拉列表

（3）在【分栏】对话框的【预设】栏中选择【两栏】选项，并选中【分隔线】复选框，在【宽度和间距】栏中将【间距】选项设置为"2 字符"，如图 4-64 所示；单击【确定】按钮完成分栏设置，分栏效果如图 4-65 所示。

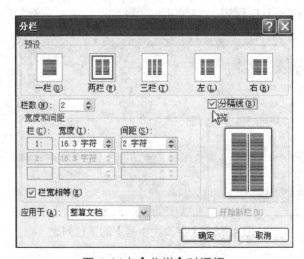

图 4-64 【分栏】对话框

陈嘉庚的兴学动机非常明确，就是为了救国，"教育救国"是他的教育思想的主要组成部分，但与 20 年代一般的"教育救国论"有所不同。陈嘉▓▓▓▓▓▓▓▓▓▓▓▓▓▓▓▓▓▓▓▓▓▓▓▓▓▓▓▓	爱国主义热情;凝聚了他对教育的真知灼见，也是他的教育实践的科学总结，是既符合实际又富有创见的教育思想。陈嘉庚对教育的功能和重要性进行了透彻的、系统的、具有前瞻性的论述，至今仍具有启迪意义。↵

图 4-65│分栏效果图

8. 插入页码

任务布置：在页脚插入"第 X 页，共 Y 页"样式的页码，居中。起始页码为"第 2 页"。

任务实施：

（1）单击【插入】选项卡的【页眉和页脚】组中的【页脚】下拉按钮，在下拉列表中选择【编辑页脚】选项，如图 4-66 所示。

（2）在页脚处输入"第页，共页"，把光标移到"第""页"之间，按【Ctrl+F9】组合键，会出现"{}"，在"{}"里写入单词"page"；把光标移到"共""页"之间，按【Ctrl+F9】组合键，会出现"{}"，在"{}"里写入单词"numpages"；再按两次【Alt+F9】组合键，此时可以看到刚才输入的域代码已变成具体的页码和总页数；单击【开始】选项卡的【段落】组中的【居中】按钮，把页码设置为居中，如图 4-67 所示。

图 4-66│【页脚】下拉列表

图 4-67｜单击【居中】按钮

（3）单击【插入】选项卡的【页眉和页脚】组中的【页码】下拉按钮，在下拉列表中选择【设置页码格式】选项，如图 4-68 所示；在打开的【页码格式】对话框的【页码编号】栏选中【起始页码】单选按钮，在其后的文本框内输入"2"，如图 4-69 所示，单击【确定】按钮返回。

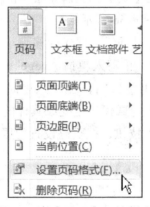

图 4-68｜【页码】下拉列表

图 4-69｜【页码格式】对话框

最后保存并关闭文档"春风化雨，桃李满园.docx"。

任务 4.2"春风化雨，桃李满园.docx"文档的最终效果如图 4-70～图 4-72 所示。保存并关闭文档"春风化雨，桃李满园.docx"。

春风化雨　桃李满园

厦门海洋职业技术学院简介

厦门海洋职业技术学院位于美丽温馨的海上花园城市——福建厦门，是隶属于福建省教育厅的公办普通高等职业院校、福建省示范性高职院校、福建省示范性现代职业院校建设院校。

厦门海洋学院办学始于著名爱国华侨领袖陈嘉庚先生 1920 年创办的集美学校水产科，为我国最早培养水产航海技术人才的摇篮之一。在近百年的办学历程中，厦门海洋职业技术学院以"诚毅"为校训，弘扬嘉庚精神，为国家和福建海洋产业发展培养了大量高素质的技术技能人才，优秀校友遍及全国各地、世界五洲，在海内外享有广泛声誉。2000 年 4 月，时任福建省省长习近平为厦门海洋职业技术学院八十周年校庆题词"春风化雨，桃李满园"，对我院的建设和发展寄予厚望。

厦门海洋职业技术学院现有思明和翔安两个校区，占地 712 亩，总规划占地面积 1000 余亩，设置有航海技术系、生物技术系、信息技术系、机电工程系、工商管理系、基础部、思政部 7 个系部，在校学生 9100 余人。现有专兼职教师 525 人，其中副高职称以上占 32%，"双师素质"教师占专任教师的 74.8%。建有大型船舶操纵模拟器等校内实训室及各种仿真实训室 152 个、校外实习实训基地 183 个。

厦门海洋职业技术学院始终坚持海纳百川、崇德尚匠、产教融合、以文化人的办学理念，全力推进"亲近产业、融入企业"的产教深度融合办学模式。与厦门理工学院、宁德师范学院搭建校校合作平台。

厦门海洋职业技术学院紧紧围绕高素质技术技能人才的培养目标定位，探索校企协同育人的"学徒制""二元制""协同创新班"等多种培养方式。坚持创新创业教育与技能竞赛双轮驱动，并先后获各类大学生创新创业竞赛省级以上赛事 11 金、11 银、14 铜。

厦门海洋职业技术学院大力实施国际化办学水平提升工程，积极拓宽开放办学视野。成立国际交流与合作中心，与台湾海洋大学、高雄科技大学、台北海洋科技大学等台湾地区涉海高校签订教育与学术交流协议书。与澳大利亚蓝山国际酒店学院、泰国博仁大学、(中国)台湾海洋大学等高校开展联合办学和师生互访；组织承办环境科学与计算机科学各类高水平国际学术会议；实施对接国际海事公约组织标准的国际船员体系专业认证、IEET 悉尼协议专业认证等方式推动人才培养

第 2 页，共 3 页

图 4-70｜"春风化雨，桃李满园"文档效果图 1

国际化：聘请加拿大 Edward McBean 院士、肖惠宁院士等 40 多位国内外知名专家教授担任兼职或特聘教授。推动成立"国际海洋环境系统工程研究中心""海上丝绸之路茶文化研究与传播中心"等国际合作平台。面向"一带一路"沿线国家招收留学生，是福建省唯一一所招收学历留学生的高职院校。

厦门海洋职业技术学院尤为重视大学精神与专业教育的互通互融。把嘉庚精神和陈嘉庚先生亲立的"诚毅"校训作为薪火相传、生生不息的源文化，进校园，进课堂，进头脑。注重蓝色工匠职业精神对学生的熏陶，把海洋文化引入校园，嵌入人才培养和丰富的校园文化中。龙舟运动和帆船运动已经成为百年海院在国内具有重要影响的特色育人成果，先后获：

I 中华龙舟大赛（福州站）青少年女子组 100 米直道赛第五名、200 米直道赛第五名；

II 第五届中国龙舟拔河公开赛（集美站）第四名；

III 2018 第九届城市俱乐部国际帆船赛 J80 级别航线赛冠军和长航线冠军；

IV 第十四届中国俱乐部杯帆船赛群发赛冠军；

V 第十二届中国杯帆船赛巴伐利亚 37 组亚军和 IRC-C 组季军。

新时代，新使命，新征程。厦门海洋职业技术学院将牢牢把握社会主义办学方向，紧紧抓住新时代高等职业教育创新发展的机遇，以迎接百年校庆为契机，以内涵提升和特色强校为基点，坚持"服务海洋、服务地方"的办学定位，坚持"亲近产业、融入企业"的产教深度融合的办学模式，深化改革创新，突出开放融合，依托海洋、立足福建、面向全国、辐射"一带一路"沿线国家和区域，着力为海洋强国、海洋强省和区域经济社会发展提供创新创业能力强、综合素质高的技术技能人才和社会培训、应用技术研发、文化传承与创新等多样化社会服务，为把厦门海洋职业技术学院建设成为中国特色、省内领先、国内一流、国际知名的高水平海洋类高等职业院校而努力。

Aiming at saving China,tan kah-kee made huge donations for the setting up schools.developing education so as to save China is the main part of his educational ideas,but it is not exact the same as the theory of"saving China through education"in the 1920s.Originating in the background of an ignorant and backward China,his idea embodies the patriotic feeling of the overseas Chinese.Combining practice with creation it is the scientific summary of his insight of the nature of education and the experience in this field.his thoroughgoing,systematic and farsighted vie wpoints of the function and importance of education is still an inspiration to us today.

陈嘉庚的兴学动机非常明确，就是为了救国，"教育救国"是他的教育思想的主要组成部分，但与 20 年代一般的"教育救国论"有所不同。陈嘉

图 4-71 | "春风化雨，桃李满园"文档效果图 2

灼见，也是他的教育实践的科学总结，

是既符合实际又富有创见的教育思想。陈嘉庚对教育的功能和重要性进行了透彻的、系统的、具有前瞻性的论述，至今仍具有启迪意义。

图 4-72｜"春风化雨，桃李满园"文档效果图 3

任务 4.3　文档"Word 的表格操作"格式排版

使用 Word 2010 打开"Word 的表格操作.doc"文档，按下列格式编排要求进行操作。

1. 表格与文本的相互转换、行高列宽的设置

任务布置：将"网络文明公约"段落下面的表格转换成文本，转换选项取默认值；将"表格操作要点"段落下面的 3 行文字"计算机领域……声道数"转换为 3 行 4 列的表格，设置表格的各列宽为 3.8 厘米、各行高为 0.6 厘米，所有单元格左右边距为 0.3 厘米，整个表格居中对齐。设置表格中所有数据为"水平居中"。

任务实施：

（1）单击"网络文明公约"段落下面的表格左上角的抓柄选中全表，在【表格工具】—【布局】选项卡中单击【数据】组中的【转换为文本】按钮，如图 4-73 所示；因转换选项取默认值，在打开的【表格转换成文本】对话框中保持默认选项，如图 4-74 所示，直接单击【确定】按钮返回。

图 4-73｜单击【转换为文本】按钮

图 4-74｜【表格转换成文本】对话框

（2）选中"表格操作要点"段落下面的 3 行文字"计算机领域……声道数"，单击
【插入】选项卡的【表格】下拉按钮，在展开的下拉列表中选择【文本转换成表格】选
项，如图 4-75 所示；在弹出【将文字转换成表格】对话框中已自动识别应该转换为 3
行 4 列的表格，单击【确定】按钮返回，如图 4-76 所示。

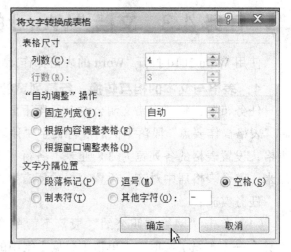

图 4-75｜【表格】下拉列表   图 4-76｜【将文字转换成表格】对话框

（3）单击新生成的表格左上角的抓柄选中整个表格，在【表格工具】—【布局】选
项卡的【单元格大小】组中，设置【高度】为"0.6 厘米"、【宽度】为"3.8 厘米"，如
图 4-77 所示。

图 4-77｜设置表格行高和列宽

（4）单击【对齐方式】组中的【单元格边距】按钮，打开【表格选项】对话框，将
单元格左、右边距均设为"0.3 厘米"，如图 4-78 所示；单击【开始】选项卡的【段落】
组中的【居中】按钮，实现整个表格居中对齐；在【表格工具】—【布局】选项卡中，
单击【对齐方式】组中的【水平居中】按钮实现表格中所有数据为"水平居中"，如图
4-79 所示。

图 4-78 | 【表格选项】对话框

图 4-79 | 单击【对齐方式】组中的【水平居中】按钮

2. 表格自动套用格式

任务布置：将"表格操作要点"段落下面新生成的 3 行 4 列表格自动套用【典雅型】格式。

任务实施：

在"表格操作要点"段落下方，单击表格左上角的抓柄选中全表，选择【表格工具】—【设计】选项卡，选择表格样式为【典雅型】，如图 4-80 所示。

图 4-80 | 选择表格样式

3. 表格的合并、拆分与排序

任务布置：选中"表格的拆分"段落下面的表格，以"地址"列中的"北京"和"深圳"为分界线，将表格拆分为上下两个表格；将"表格的合并"段落下面的两个表格合并为一个 5 行 3 列的表格；将合并后表格中的数据按主要关键字"类别"以"拼音"类型降序排列，次要关键字"销售数量"以"数字"类型升序排列。

任务实施：

（1）将光标置于"表格的拆分"段落下方表格第4行的任一单元格处，选择【表格工具】—【布局】选项卡，在【合并】组中单击【拆分表格】按钮，如图4-81所示。

图4-81│单击【拆分表格】按钮

（2）将光标置于"表格的合并"段落下方的两个表格中间的空段落标志处，按【Delete】键，将两表中间的空段落标志删除，实现表格合并。

（3）单击合并后表格左上角的抓柄，选中表格；在【表格工具】—【布局】选项卡中，单击【数据】组中的【排序】按钮，如图4-82所示；在打开的【排序】对话框中，设置主要关键字为"类别"，以"拼音"类型降序排列，次要关键字为"销售数量（本）"，以"数字"类型升序排列，如图4-83所示；单击【确定】按钮返回。排序后的表格效果如图4-84所示。

图4-82│单击【数据】组中的【排序】按钮

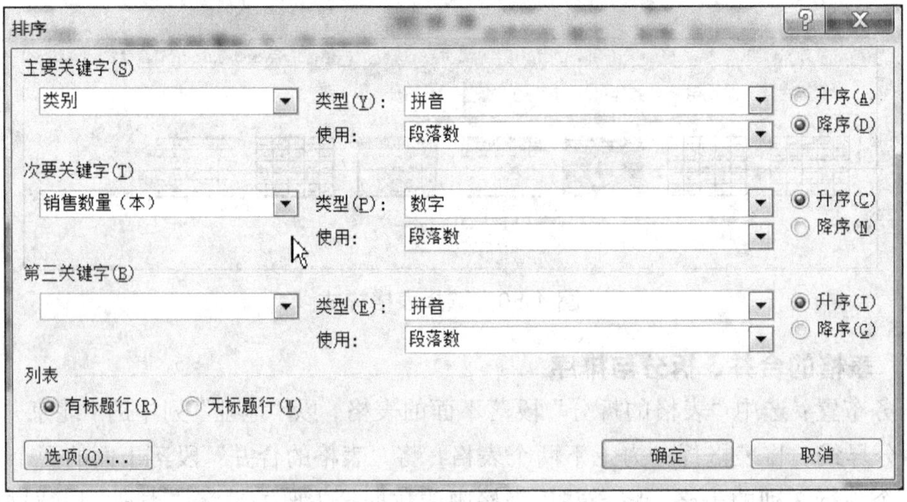

图4-83│【排序】对话框

表格的合并		
类别	书籍名称	销售数量（本）
少儿读物	葫芦娃	5840
少儿读物	十万个为什么	6850
课外读物	中学语文辅导	4000
课外读物	中学英语辅导	4200

图 4-84 ｜ 排序后的表格效果图

4．表格中的公式计算、对齐及重复标题行设置

任务布置：在"表格中的公式计算"下方成绩表的最右侧插入一个新列，列名为"平均成绩"；在"平均成绩"列插入相应的公式，进行求平均值计算；在"表格中的公式计算"下方成绩表的最右侧再插入一个新列，列名为"语数两科总分"，在"语数两科总分"列插入相应的公式，进行求和计算；设置表格的自动调整项为"根据内容调整表格"，设置表格中所有数据为"中部右对齐"；设置表格第 1 行为"重复标题行"。

任务实施：

（1）"表格中的公式计算"段落下方是一个成绩表，把光标置于其最右列的任一单元格内，选择【表格工具】—【布局】选项卡，单击【行和列】组中的【在右侧插入】按钮，如图 4-85 所示，在表的最右侧插入一个新列；在表格右上单元格内输入新列名"平均成绩"。

图 4-85 ｜ 单击【在右侧插入】按钮

（2）把光标置于第 2 行最右侧单元格内，在【表格工具】—【布局】选项卡中单击【数据】组中的【公式】按钮，如图 4-86 所示；在打开的【公式】对话框中，设置【公式】为"=AVERAGE（LEFT）"（此处需注意输入到公式内的所有符号必须是英文状态下的半角符号，如输入了全角符号将引起公式错误），如图 4-87 所示；单击【确定】按钮返回。

图 4-86 ｜ 单击【数据】组中的【公式】按钮

图 4-87 | AVERAGE【公式】对话框

（3）重复步骤（1）的方法，在表格最右侧再次插入一个新列，输入新列名为"语数两科总分"。把光标置于第 2 行最右侧单元格内，在【表格工具】—【布局】选项卡中单击【数据】组中的【公式】按钮。在打开的【公式】对话框中，设置【公式】为"=SUM(b2,d2)"，如图 4-88 所示，单击【确定】按钮返回。以相同方法设置其下方另外三个单元格内的公式，分别如图 4-89、图 4-90 所示。

图 4-88 | SUM【公式】对话框 1

图 4-89 | SUM【公式】对话框 2

图 4-90 | SUM【公式】对话框 3

图 4-90 | SUM【公式】对话框 3（续）

（4）单击表格左上角的抓柄选中整个表格；在【表格工具】—【布局】选项卡中单击【单元格大小】组中的【自动调整】下拉按钮，在展开的下拉列表中选择【根据内容自动调整表格】选项，如图 4-91 所示；在【对齐方式】组中单击【中部右对齐】按钮实现表格中所有数据为"中部右对齐"，如图 4-92 所示；把光标置于表格第 1 行的任一单元格内，单击【数据】组中的【重复标题行】按钮，如图 4-93 所示，设置表格第 1 行为"重复标题行"；成绩表设置完成后的效果如图 4-94 所示。

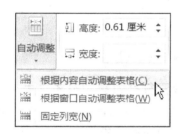

图 4-91 |【自动调整】下拉列表

图 4-92 | 单击【中部右对齐】按钮

表格中的公式计算

姓名	语文	英语	数学	平均成绩	语数两科总分
张三	89	70	65	74.67	154
李四	89	80	73	80.67	162
王五	77	58	79	71.33	156

姓名	语文	英语	数学	平均成绩	语数两科总分
赵六	56	92	73	73.67	129

图 4-93 | 单击【重复标题行】按钮

图 4-94 | 成绩表设置完成后的效果图

5．脚注、尾注的插入

任务布置：给成绩表上方的文字"表格中的公式"插入脚注（位于页面底端），内容为"Word 中表格的公式与 Excel 中的公式处理大同小异"。给成绩表下方的文字"常用函数"插入尾注（位于文档末尾），内容为"Word 中函数的名称与 Excel 中的函数名称相同"。

任务实施：

选中成绩表上方的文字"表格中的公式"，单击【引用】选项卡的【脚注】组中的【插入脚注】按钮，如图 4-95 所示；光标将自动定位到当前页脚处，输入脚注内容"Word 中表格的公式与 Excel 中的公式处理大同小异"；选中成绩表下方的文字"常用函数"，单击【引用】选项卡的【脚注】组中的【插入尾注】按钮，光标将自动定位到文档末尾处，输入尾注内容"Word 中函数的名称与 Excel 中的函数名称相同"。

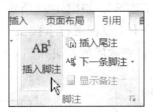

图 4-95｜单击【插入脚注】按钮

6．表格的创建，单元格的合并与拆分，设置行高列宽、对齐方式、斜线表头

任务布置：创建图 4-96 所示的 6 行 7 列表格，第 1 行的行高 1.6 厘米，其他行的行高 1.2 厘米，所有列的列宽 1.8 厘米；第 1 列的中间两个单元格文字方向为竖排；表格居中，为表中所有的数据设置"水平居中"对齐方式、楷体、小三；并为表格绘制斜线表头。

		一	二	三	四	五
上午	1-2					
	3-4					
下午	5-6					
	7-8					
晚上	9-10					

课程表

图 4-96｜课程表效果图

任务实施：

（1）将光标定位于文本"课程表"下方空段落中，单击【插入】选项卡中的【表格】下拉按钮，在展开的下拉列表中选择【插入表格】选项，如图 4-97 所示；打开【插入表格】对话框。

图 4-97 | 【表格】下拉列表

（2）在【插入表格】对话框中，设置【行数】为 6、【列数】为 7，如图 4-98 所示；单击【确定】按钮插入表格。

图 4-98 | 【插入表格】对话框

（3）也可以在【表格】下拉列表中，通过在【插入表格】下方的区域拖动鼠标来快速插入 6 行 7 列表格，如图 4-99 所示。

图 4-99 | 插入表格

（4）选中表格的第 1 行，在【表格工具】—【布局】选项卡的【表】组中，单击【属性】按钮，如图 4-100 所示，打开【表格属性】对话框。

图 4-100 | 【属性】按钮

（5）在【表格属性】对话框中选择【行】选项卡，设定第 1 行的高度为"1.6 厘米"，如图 4-101 所示；使用相同的方法设置第 2～6 行的行高均为"1.2 厘米"；选择【列】选项卡，设置所有列的列宽为"1.8 厘米"，单击【确定】按钮返回。

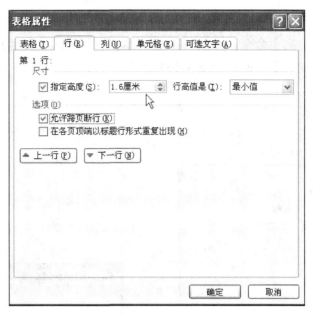

图 4-101 | 设置行高

（6）拖动鼠标选中第 1 列的第 2、3 个单元格，用鼠标右键单击选中区域，在快捷菜单中选择【合并单元格】命令，如图 4-102 所示，实现所选中单元格的合并；使用相同的方法合并第一列的第 4、5 个单元格和第一行的第 1、2 个单元格；在表格的第 1 行和第 1、2 列中输入相关文字；选中全表，设置表内文字为"楷体、小三"。

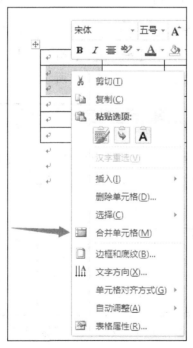

图 4-102 | 选择【合并单元格】命令

（7）拖动鼠标选中第 1 列的第 2、3 个单元格，用鼠标右键单击选中区域，在快捷菜单中选择【文字方向】命令，如图 4-103 所示；在打开的【文字方向-表格单元格】对话框中单击竖排的文字方向，如图 4-104 所示。

图 4-103｜选择【文字方向】命令

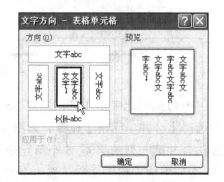

图 4-104｜设置文字方向

（8）单击表格左上角的表格抓柄选中全表，在【开始】选项卡的【段落】组中，单击【居中】按钮实现整个表格居中对齐；在【表格工具】—【布局】选项卡的【对齐方式】组中，单击【水平居中】按钮，如图 4-105 所示。

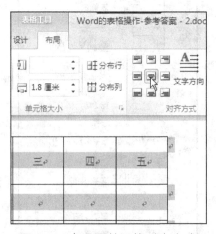

图 4-105｜设置单元格对齐方式

（9）把光标置于表格的左上单元格内，在【表格工具】—【设计】选项卡的【绘图边框】组中，单击【绘制表格】按钮，如图 4-106 所示；在左上单元格内绘制一条自左上到右下的斜线，如图 4-107 所示。

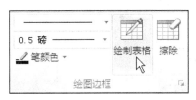

图 4-106｜单击【绘制表格】按钮

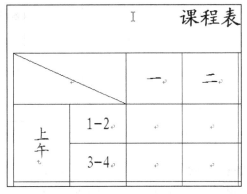

图 4-107｜"斜线表头"效果图

（10）把光标置于表格的左上单元格内，在【插入】选项卡的【插图】组中，单击【形状】下拉按钮，在展开的下拉列表中选择【最近使用的形状】中的"直线"，如图 4-108 所示；在左上单元格内绘制一条自左上到下框线中点的斜线，如图 4-109 所示；选中新绘制的斜线，在【绘图工具】—【格式】选项卡的【形状样式】组中，单击【形状轮廓】下拉按钮，在展开的下拉列表中选择"黑色，文字 1"，如图 4-110 所示。

图 4-108｜【形状】下拉列表

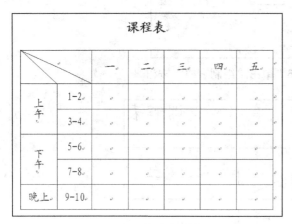

图 4-109｜绘制斜线

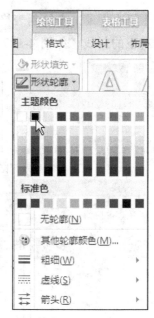

图 4-110｜【形状轮廓】下拉列表

7. 表格边框和底纹的设置

任务布置：设置"成绩表"表格的外框线为 1.5 磅、蓝色、双实线，内框线为 0.5 磅、单实线、颜色为自动；设置上 3 行与下 3 行之间分隔线为 1.5 磅、红色、单实线；为第 1 行设置"橙色，强调文字颜色 6，淡色 80%"的底纹，为第 1 列设置"红色，强调文字颜色 2，淡色 80%"的底纹，第 2 列设置为"水绿色，强调文字颜色 5，淡色 80%"的底纹（左上角单元格除外）。

任务实施：

（1）单击"成绩表"表格左上角的表格抓柄选中全表，选择【表格工具】—【设计】选项卡，在【表格样式】组中单击【边框】按钮右侧的下三角按钮，在展开的下拉列表中选择【边框和底纹】选项，如图 4-111 所示，打开【边框和底纹】对话框；在【边框和底纹】对话框的【边框】选项卡内，设置边框为"方框"、【样式】为"双实线"、【颜色】为"蓝色"、【宽度】为"1.5 磅"，如图 4-112 所示。

图 4-111｜选择【边框和底纹】选项

（2）在【边框和底纹】对话框中的【边框】选项卡内，单击【设置】栏中的【自定义】按钮；设置【样式】为"单实线"、【颜色】为"自动"、【宽度】为"0.5 磅"；在【预览】栏中单击【内框横线】和【内框竖线】按钮，设置相应的内框线的【样式】为"单实线"、【宽度】为"0.5 磅",如图 4-113 所示。

图 4-112 |【边框和底纹】对话框的设置 1

图 4-113 |【边框和底纹】对话框的设置 2

(3)选中表格的下 3 行,选择【表格工具】—【设计】选项卡,在【表格样式】组中单击【边框】按钮右侧的下三角按钮,在下拉列表中选择【边框和底纹】选项,如图 4-114 所示;在打开的【边框和底纹】对话框中的【边框】选项卡内,单击【设置】栏中的【自定义】按钮;设置【样式】为"单实线"、【颜色】为"红色"、【宽度】为"1.5 磅";在【预览】栏中单击两次【上框横线】按钮,实现成绩表的上 3 行与下 3 行之间分隔线的【样式】为"单实线"、【颜色】为"红色"、【宽度】为"1.5 磅"的设置，如图 4-115 所示。

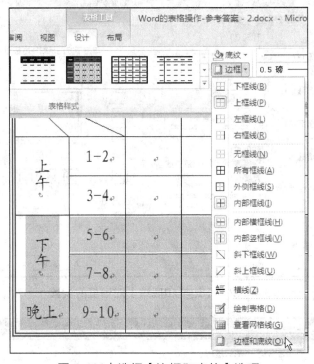

图 4-114 │ 选择【边框和底纹】选项

图 4-115 │ 单击两次【上框横线】按钮

（4）拖动鼠标选中第 1 行右侧的 5 个单元格，在【表格工具】—【设计】选项卡中，单击【表格样式】组中的【底纹】下拉按钮，在展开的下拉列表中选择"橙色，强调文字颜色 6，淡色 80%"，如图 4-116 所示。

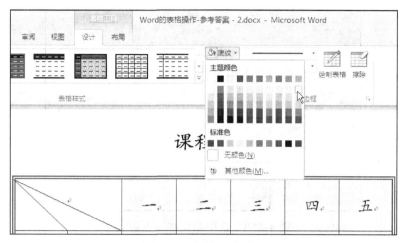

图 4-116 | 设置底纹 1

（5）重复步骤（4），为第 1 列设定"红色，强调文字颜色 2，淡色 80%"的底纹，为第 2 列设置"水绿色，强调文字颜色 5，淡色 80%"的底纹，如图 4-117 所示。

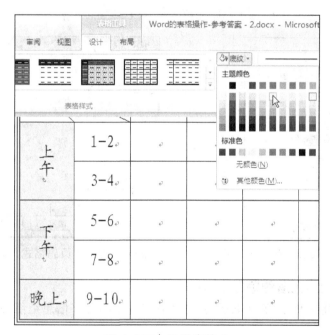

图 4-117 | 设置底纹 2

8．插入页码

任务布置：在页脚插入"1/1"样式的页码，起始页码为"2"，居中对齐。

任务实施：

（1）单击【插入】选项卡的【页眉和页脚】组中的【页码】下拉按钮，在下拉列表中选择【页面底端】选项，在子列表中选择【X/Y】项目下的"加粗显示的数字 2"，在页面底端居中位置插入"1/1"样式的页码，如图 4-118 所示。

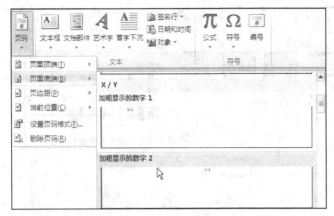

图 4-118 | 在页面底端插入页码

（2）选择【页眉和页脚工具】—【设计】选项卡，在【页眉和页脚】组中单击【页码】下拉按钮，在下拉列表中选择【设置页码格式】选项，如图 4-119 所示；在打开的【页码格式】对话框中的【页码编号】栏中选中【起始页码】单选按钮，并在右侧的文本框中输入"2"，如图 4-120 所示；单击【确定】按钮返回。

图 4-119 | 选择【设置页码格式】选项

图 4-120 | 【页码格式】对话框

9. 单独设定某段落的每行字符数

任务布置：将文档的第 2 段文字"表格是常见的文字信息组织……"设置为每行30 个字符。

任务实施：

（1）将光标置于第 2 段文字"表格是常见的文字信息组织……"左侧，选择【页面布局】选项卡，在【页面设置】组中单击【分隔符】下拉按钮，在下拉列表中单击【分节符】项目下的【连续】按钮，如图 4-121 所示；重复相同的动作，在第三段文字"Word 2010 表格处理是在……"左侧插入【连续】分节符。

（2）将光标置于第 2 段文字"表格是常见的文字信息组织……"内，选择【页面布局】选项卡，在【页面设置】组中单击【页面设置】按钮；在打开的【页面设置】对话框中选择【文档网格】选项卡,将【网格】选项设置为"指定行和字符网格",将【字符数】选项设置为每行"30",如图 4-122 所示;设置后的效果如图 4-123 所示。

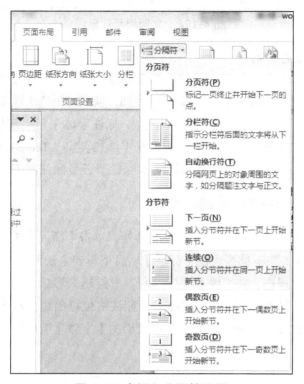

图 4-121 | 插入分隔符设置

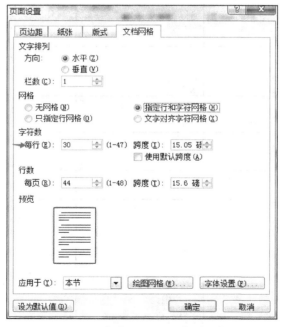

图 4-122 | 【页面设置】对话框

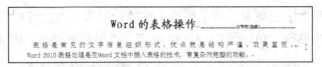

图 4-123 | 文档局部效果图

10. 基本图形的绘制

任务布置：在"课程表"的右下方添加云型标注，标注内容为"我自己制作的课程表!"，设置标注填充为"橙色，强调文字颜色 6，淡色 80%"，线条颜色为"深蓝，文字 2，淡色 40%"，标注线条为 3 磅的方点线型，标注字体采用"五号、楷体、深蓝色"；在表格下方添一个文本框，红色框线，文本框中添加英文"Table Practice of Word"，字体采用"小四、Times New Roman"，将文本框置于云型标注的下面一层；最后将两个图形组合为一个整体。

任务实施：

（1）将光标置于"课程表"下方空白段落处，单击【插入】选项卡的【插图】组中的【形状】下拉按钮，在下拉列表的【标注】项目下单击【云形标注】按钮，如图 4-124 所示；通过鼠标拖拉操作，在"课程表"的右下方绘制云形标注；在云形标注内输入内容"我自己制作的课程表!"，并通过拖拉云形标注占位符的边角将云形标注调整为适当大小；选中标注内的文字，单击【开始】选项卡的【字体】组中的相应按钮设置标注字体为"五号、楷体、深蓝"。

图 4-124 | 插入云形标注

（2）单击云形标注的占位符，在【绘图工具】—【格式】选项卡中的【形状样式】组中，单击【形状填充】下拉按钮，在下拉列表中选择"橙色，强调文字颜色 6，淡色 80%"，如图 4-125 所示；在【绘图工具】—【格式】选项卡中的【形状样式】组中，单击【形状轮廓】下拉按钮，在下拉列表中选择"深蓝，文字 2，淡色 40%"，如图 4-126 所示；在【形状样式】组中的【形状轮廓】下拉列表中设置标注的【粗细】为"3 磅"、【虚线】为"方点"，如图 4-127 和图 4-128 所示。

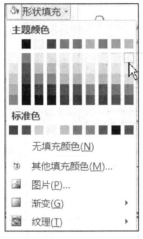

图 4-125│设置【形状填充】颜色

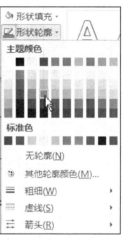

图 4-126│设置【形状轮廓】颜色

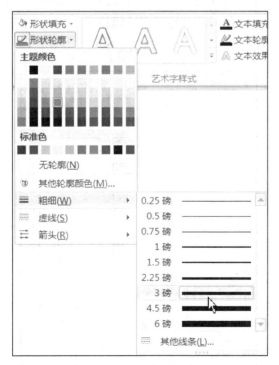

图 4-127│设置标注的【粗细】为"3 磅"

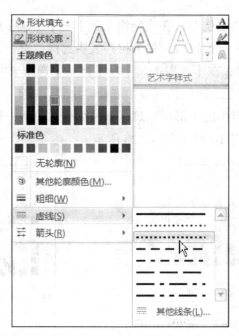

图 4-128｜设置标注的【虚线】为"方点"

（3）单击【插入】选项卡，在【文本】组中单击【文本框】下拉按钮，在下拉列表中选择【绘制文本框】选项，如图 4-129 所示；通过鼠标拖拉的方法在云形标注下方绘制一个横排文本框；在文本框内输入内容"Table Practice of Word"；选中文本框内的文本，通过【开始】选项卡的【字体】组中的相应按钮设置字体为"小四、Times New Roman"，拖拉文本框占位符的边角，适当调整文本框的大小。

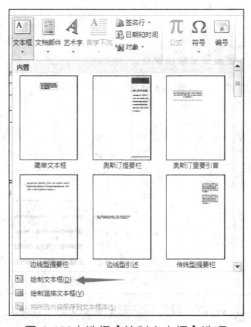

图 4-129｜选择【绘制文本框】选项

（4）单击文本框占位符选定文本框，单击【绘图工具】—【格式】选项卡的【形状样式】组中的【形状轮廓】下拉按钮，在下拉列表中选择【标准色】项中的"红色"，如图 4-130 所示。

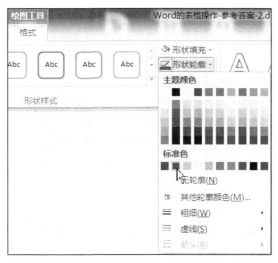

图 4-130 | 【形状轮廓】颜色设置

（5）单击文本框占位符选定文本框，在【绘图工具】—【格式】选项卡的【排列】组中，单击【下移一层】下拉按钮，在下拉列表中选择【下移一层】选项，如图 4-131 所示。

（6）先选中云形标注，通过长按【Ctrl】键的同时选中文本框，在【绘图工具】—【格式】选项卡的【排列】组中，单击【组合】下拉按钮，在下拉列表中选项【组合】选项，将两个图形组合为一个整体，如图 4-132 所示。最后保存并关闭文档。

图 4-131 | 选择【下移一层】选项

图 4-132 | 单击【组合】按钮

任务 4.4 长文档"酒店客房管理系统"格式排版

使用 Word 2010 打开"酒店客房管理系统.docx"文档，按下列格式编排要求进行操作。

1. 页面设置

任务布置：设置纸张为 A4 纸，上、下、右页边距为 2.5 厘米，左页边距为 3 厘米，每行 37 个字符。

任务实施：

（1）选择【页面布局】选项卡，单击【页面设置】组中的【页边距】下拉按钮，在下拉列表中选择【自定义边距】选项，打开【页面设置】对话框；在【页边距】选项卡中将上、下、右页边距设置为"2.5 厘米"，将左页边距设置为"3 厘米"，如图 4-133 所示。

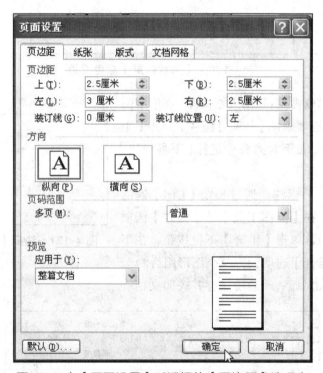

图 4-133 |【页面设置】对话框的【页边距】选项卡

（2）在【页面设置】对话框的【文档网格】选项卡中，将【字符数】设置为每行 37（需先选中【网格】栏中的【指定行和字符网格】单选按钮），如图 4-134 所示。

2. 页眉页脚设置

任务布置：设置所有页的页眉左侧为"****学院毕业论文"，页眉右侧为"酒店客房管理系统"；所有页的页脚为"第×页，共×页"，居中对齐，起始页码为"2"。

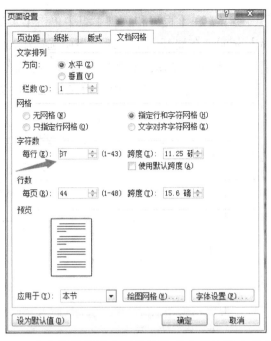

图 4-134 | 【页面设置】对话框的【文档网格】选项卡

任务实施：

（1）选择【插入】选项卡，在【页眉和页脚】组中单击【页眉】下拉按钮，在下拉列表中选择【编辑页眉】选项，如图 4-135 所示，进入页眉和页脚编辑状态；在页眉处输入"****学院毕业论文 酒店客房管理系统"，单击【开始】选项卡的【段落】组中的【居中】按钮设置页眉居中，如图 4-136 所示；将光标定位在文本中间，通过按空格键，将两部分文本分置于页眉的左右侧。

图 4-135 | 选择【编辑页眉】选项

图 4-136 | 单击【居中】按钮

（2）选择【插入】选项卡，在【页眉和页脚】组中单击【页码】下拉按钮，在下拉列表中选择【页面底端】选项；在展开的下一级列表中选择【X/Y】项中的【加粗显示的数字2】选项插入页码，如图4-137所示；把数字保留，将其他字符修改成"第　页，共　页"，单击【开始】选项卡的【字体】组中的相应按钮，设置页脚处的页码格式为"宋体、五号、不加粗"。

图 4-137 | 设置页码

（3）选择【插入】选项卡，在【页眉和页脚】组中单击【页码】下拉按钮，在下拉列表中选择【设置页码格式】选项；在打开的【页码格式】对话框的【页码编号】栏中设置【起始页码】为"2"；单击【确定】按钮返回。

3. 论文正文的格式设置

任务布置：设置论文正文（第1页的文本"第一章　导言"至第6页的文本"这些都有待进一步改善。"）的格式为宋体、小四、首行缩进2个字符、单倍行距；设置论文标题"酒店客房管理系统"的格式为三号、宋体、居中、段前间距2行、段后间距1行。

任务实施：

（1）选中论文正文，单击【开始】选项卡的【样式】组中右下角的【样式】按钮，在【样式】任务窗格中单击左下角的【新建样式】按钮，打开【根据格式设置创建新样式】对话框，如图4-138所示；在【根据格式设置创建新样式】对话框的【名称】文本框中输入新样式名"论文正文"，在【格式】栏中设置"宋体、小四"；单击对话框左下角的【格式】下拉按钮，在打开的列表中选择【段落】选项，打开【段落】对话框。

（2）在【段落】对话框中设置【特殊格式】为"首行缩进"、【磅值】为"2字符"、【行距】为"单倍行距"，如图4-139所示；单击两次【确定】按钮返回，完成新建样式"论文正文"并应用于文章正文部分。

图 4-138 | 新建样式"论文正文"

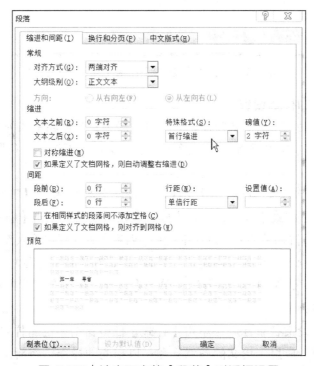

图 4-139 | 论文正文的【段落】对话框设置

（3）选中论文标题"酒店客房管理系统"，选择【开始】选项卡，通过【字体】组中的相应按钮设置"三号、宋体"；单击【段落】组中右下角的【段落】按钮，打开【段落】对话框，设置【对齐方式】为"居中"、【段前】间距为"2 行"、【段后】间距为" 1 行"，如图 4-140 所示；单击【确定】按钮返回。

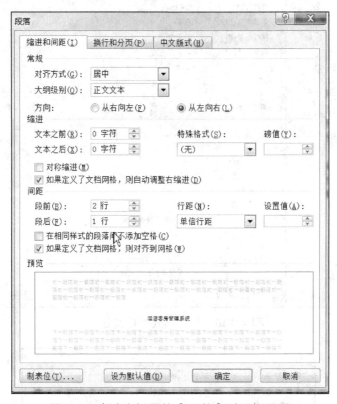

图 4-140 | 论文标题的【段落】对话框设置

4．章节标题的样式设置

任务布置：设置章标题格式为黑体、三号、居中；节标题格式为黑体、三号、左顶格；"目录""致谢""主要参考文献"及"附录"所在段落的样式参照章标题的样式。

任务实施：

（1）将光标置于文本"目录"处（或选中该处文本），单击【开始】选项卡的【样式】组中右下角的【样式】按钮，打开【样式】任务窗格；单击【新建样式】按钮；在打开的【根据格式设置创建新样式】对话框的【名称】文本框中输入新样式名"章标题"，在【样式基准】右侧的下拉列表中选择"标题 1"，在【格式】栏中设置新样式格式为"黑体、三号、居中"，如图 4-141 所示；单击【确定】按钮完成新样式"章标题"的创建并应用于文本"目录"。

（2）逐一选定论文各章标题，单击【样式】任务窗格中的新样式"章标题"，将新建的样式"章标题"应用于论文的各章标题；以相同的操作，将新建的样式"章标题"应用于"目录""致谢""主要参考文献"及"附录"所在段落。

图 4-141 | 创建新样式"章标题"

（3）将光标置于文本"1.1 问题的提出"处，单击【开始】选项卡的【样式】组中右下角的【样式】按钮，打开【样式】任务窗格；单击【新建样式】按钮；在打开的【根据格式设置创建新样式】对话框的【名称】文本框中输入新样式名"节标题"，在【样式基准】右侧下拉列表中选择"标题 2"，在【格式】栏中设置样式格式为"黑体、三号"；单击对话框左下角的【格式】下拉按钮，在打开的列表中选择【段落】选项，如图 4-142 所示，打开【段落】对话框。

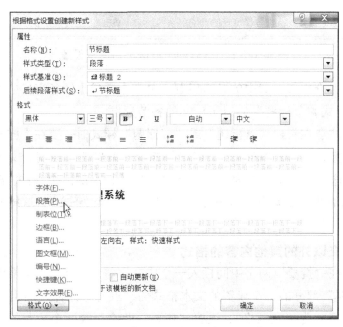

图 4-142 | 创建新样式"节标题"

（4）在【段落】对话框中设置【对齐方式】为"左对齐"、【特殊格式】为"（无）"，如图 4-143 所示；单击两次【确定】按钮完成新样式"节标题"的创建。

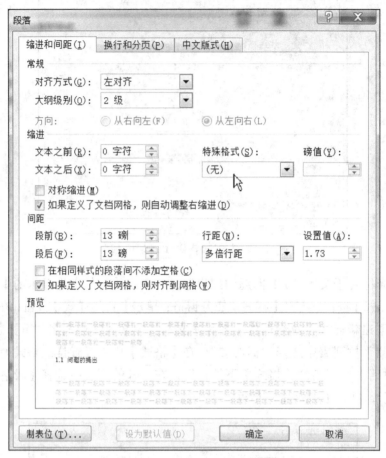

图 4-143｜节标题的【段落】对话框设置

（5）逐一选中论文每一章中的各节标题，单击【样式】任务窗格中的新样式"节标题"，将新建的样式"节标题"应用于论文的各节标题。

（6）此处需注意在新建"章标题"或"节标题"样式时，要在【样式基准】右侧下拉列表中选择"标题 1"或"标题 2"，以确保这两个新样式所控制的文本在文章结构上具备层级关系，这是后续正确地为整个文档自动生成目录的前提条件。常见的错误是把新样式的【样式基准】设置为"列表 1""目录 1"或者"正文"，这将导致不能正确生成文档目录。

5．设置正文以外的其他内容的格式

任务布置：在"摘要"两字中间插入一个中文字符（1 个全角空格或者 2 个半角空格），设置"摘要"部分的三个段落的文本格式为"五号、宋体、加粗"，设置"摘要"两字所在段落的格式为"左顶格"，设置"摘要"两字后续两个段落的格式为"首行缩进 2 个字符"；设置文本"关键词"所在段落的格式为"五号、宋体、加粗，左顶格"；

设置"主要参考文献"和"附录"这两部分文本的格式为"中文：五号、宋体，英文：五号、Times New Roman，左顶格"。

任务实施：

（1）选中"摘要"部分的三个段落，通过单击【开始】选项卡的【字体】组中的相应按钮设置字体为"五号、宋体、加粗"；选中"摘要"两字所在的段落，单击【开始】选项卡的【段落】组中右下的【段落】按钮，在打开的【段落】对话框的【缩进和间距】选项卡中，设置【特殊格式】为"（无）"，完成"摘要"所在段落格式为"左顶格"的设置；选中"摘要"后续的两个段落，单击【开始】选项卡的【段落】组中右下角的【段落】按钮，在打开的【段落】对话框的【缩进和间距】选项卡中，设置【特殊格式】为"首行缩进"、【磅值】为"2 字符"。

（2）选中"关键词"所在段落，通过单击【开始】选项卡的【字体】组中的相应按钮设置字体为"五号、宋体、加粗"；单击【开始】选项卡的【段落】组中右下角的【段落】按钮，在打开的【段落】对话框的【缩进和间距】选项卡中，设置【特殊格式】为"（无）"，完成此段落格式为"左顶格"的设置。

（3）选中"主要参考文献"这一部分文本，单击【开始】选项卡的【字体】组中右下角的【字体】按钮，在打开的【字体】对话框中，设置【字号】为"五号"、【中文字体】为"宋体"、【西文字体】为"Times New Roman"；单击【开始】选项卡的【段落】组中右下角的【段落】按钮，在弹出的【段落】对话框的【缩进和间距】选项卡中，设置【特殊格式】为"（无）"，完成此段落格式为"左顶格"的设置。

（4）选中"附录"这一部分文本，重复步骤（3）的相应操作，设置格式"中文为五号、宋体，英文为五号、Times New Roman，左顶格"。

6. 生成目录及目录格式设置

任务布置："目录""第一章 导言""致谢""主要参考文献"及"附录"这几个字所在段落都设置为另起一页；在文本"目录"下方插入自动生成的目录（显示级别为 2 级），设置目录格式为"宋体、小四"。

任务实施：

（1）将光标置于第 1 页文本"目录"的左侧（注意此处不是选中文本"目录"），单击【插入】选项卡的【页】组中的【分页】按钮，插入分页符，实现分页操作；如需显示所插入的分页符，可在【开始】选项卡中单击【段落】组中的【显示/隐藏编辑标记】按钮；重复相同的步骤，使"第一章 导言""致谢""主要参考文献"及"附录"这几个字所在段落都另起一页。

（2）将光标置于第 1 页文本"目录"下一行的空白段落中，单击【引用】选项卡的【目录】组中的【目录】下拉按钮，在展开的下拉列表中选择【插入目录】选项，如图 4-144 所示。

（3）在弹出的【目录】对话框中设置【显示级别】为"2"，如图 4-145 所示，单击【确定】按钮返回。

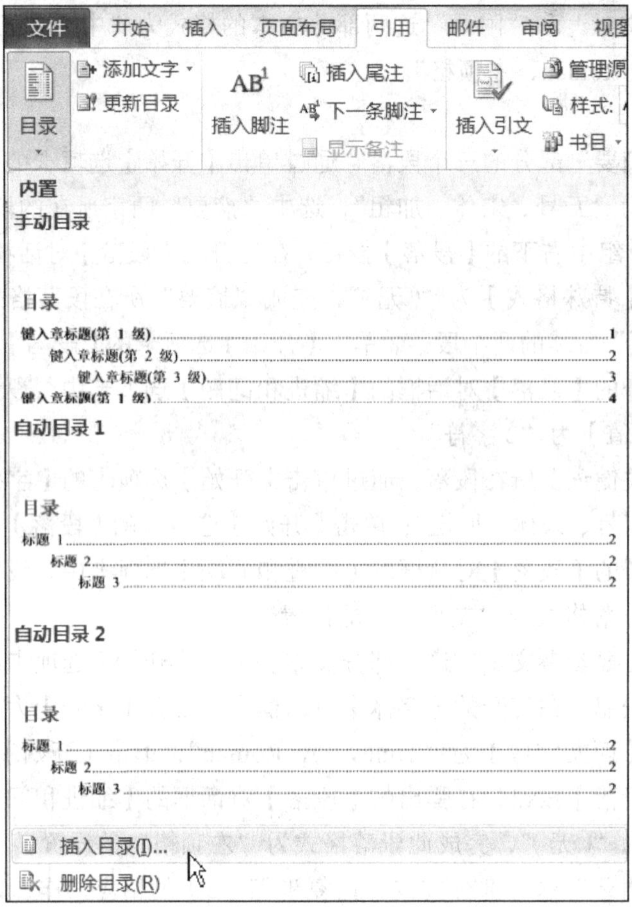

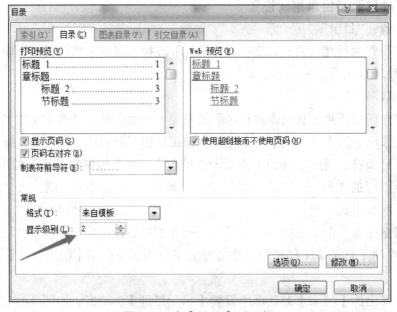

图 4-144 | 选择【插入目录】选项

图 4-145 |【目录】对话框

（4）选中新生成的目录，通过单击【开始】选项卡的【字体】组中的相应按钮设置字体格式为"宋体、小四"。

7．插入图、表的题注及对题注的格式进行设置

任务布置：所有的图和表均设置为"居中"，表中文字设置为"水平居中"；在所有的图的下方和表的上方插入"图 4.×""表 3.×"样式的题注（表示这是第 4 章的第×个图和第 3 章的第×个表）；题注的格式为"五号、宋体、居中、段前段后间距 0.5 行"。

任务实施：

（1）单击表格左上角的抓柄选中第 3 章的第 1 个表格"kf（客房表）"，在【开始】选项卡的【段落】组中，单击【居中】按钮设置整个表格居中对齐；在【表格工具】—【布局】选项卡的【对齐方式】组中，单击【水平居中】按钮设置表格中所有数据"水平居中"。以相同方法完成第三章其他表格的格式设置。

（2）将光标定位于第 7 页文本"kf（客房表）"的左侧（注意不要选中该文本），单击【引用】选项卡的【题注】组中的【插入题注】按钮，打开【题注】对话框；在【题注】对话框中单击【新建标签】按钮，在打开的【新建标签】对话框中输入"表 3."，如图 4-146 所示；单击两次【确定】按钮返回，即可在客房表的上方插入题注"表 3.1"。

图 4-146 ｜表格【新建标签】对话框

（3）将光标定位于第 8 页文本"ma（用户表）"的左侧（注意不要选中该文本），单击【引用】选项卡的【题注】组中的【插入题注】按钮，打开【题注】对话框，直接单击【确定】按钮返回，如图 4-147 所示，即可在用户表的上方插入题注"表 3.2"。

（4）单击第 8 页第 4 章的图"登录窗体图"，单击【开始】选项卡的【段落】组中的【居中】按钮实现整个图居中对齐；将光标定位于文本"登录窗体图"的左侧（注意不要选中该文本），单击【引用】选项卡的【题注】组中的【插入题注】按钮，打开【题注】对话框；在【题注】对话框中单击【新建标签】按钮，在打开的【新建标签】对话框中输入"图 4."，如图 4-148 所示；单击两次【确定】按钮返回，即可在登录窗体图

下方插入题注"图 4.1"。

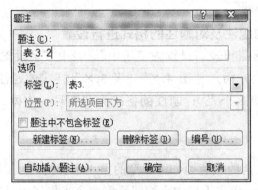

图 4-147 | 表格【题注】对话框

图 4-148 | 图的【新建标签】对话框

（5）单击第 9 页的主窗体图片，单击【开始】选项卡的【段落】组中的【居中】按钮实现整个图居中对齐；将光标定位于文本"主窗体图"的左侧（注意不要选中该文本），单击【引用】选项卡的【题注】组中的【插入题注】按钮，打开【题注】对话框，直接单击【确定】按钮返回，如图 4-149 所示，即可在主窗体图片下方插入题注"图 4.2"；重复上面的步骤，完成在其他图的下方插入题注的操作。

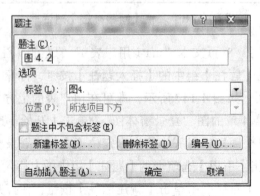

图 4-149 | 图的【题注】对话框

（6）将光标置于任一题注处，单击【开始】选项卡的【样式】组中右下角的【样式】按钮，打开【样式】任务窗格；在【样式】列表框中"题注"右侧的下拉框中选择【修改】选项，如图 4-150 所示，打开【修改样式】对话框。

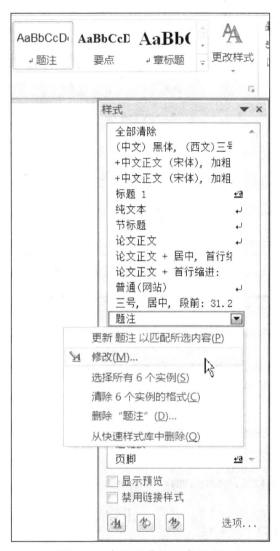

图 4-150 | 选择【修改】选项

（7）在【修改样式】对话框的【格式】栏中设置格式为"五号、宋体、居中"；单击左下角的【格式】下拉按钮，在打开的列表中选择【段落】选项，如图 4-151 所示，打开【段落】对话框。

（8）在【段落】对话框中设置【段前】【段后】的间距均为"0.5 行"，如图 4-152 所示；单击两次【确定】按钮完成"题注"样式的修改，然后完成全文所有题注的格式设置，修改后的"题注"样式也将对后续生成的题注进行格式控制。

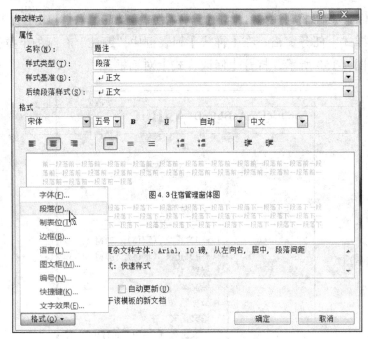

图 4-151 | 【修改样式】对话框

图 4-152 | 【段落】对话框

8．将论文封面插入文档第一页

任务布置：将文档"37-09 毕业实习报告封面.docx"插入长文档之前，使之成为首页；设置新插入封面的页眉页脚为空。

任务实施：

（1）把光标置于文档顶端文本"酒店客房管理系统"的左侧（注意此处不是选中文本"酒店客房管理系统"），在【页面布局】选项卡中，单击【页面设置】组中的【分隔符】下拉按钮，在展开的下拉列表中选择【分节符】—【下一页】选项，如图 4-153 所示，实现插入下一页型的分节符；如需显示所插入的分节符，可在【开始】选项卡中，单击【段落】组中的【显示/隐藏编辑标记】按钮。

（2）把光标置于文档新首页"分节符（下一页）"的左侧（注意此处不要选中分节符），单击【插入】选项卡的【文本】组中的【对象】下拉按钮，在展开的下拉列表中选择【对象】选项，如图 4-154 所示，打开【对象】对话框。

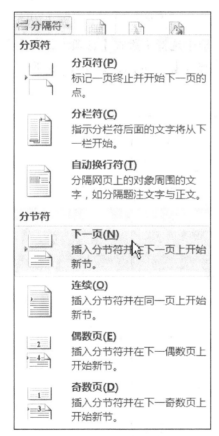

图 4-153 ｜【分隔符】下拉列表

图 4-154 ｜【对象】下拉列表

（3）在【对象】对话框的【由文件创建】选项卡中，单击【浏览】按钮，在打开的【浏览】对话框中选取素材文档"37-09 毕业实习报告封面.docx"，单击【打开】按钮返回，再单击【确定】按钮返回，完成封面插入操作，如图 4-155 所示。

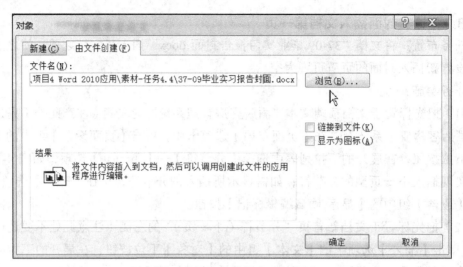

图 4-155 【对象】对话框

（4）把光标置于文档封面的任意位置，单击【页面布局】选项卡的【页面设置】组中的【页面设置】按钮；在打开的【页面设置】对话框中选择【版式】选项卡，在【页眉和页脚】栏中选中【首页不同】复选框，单击【确定】按钮返回，如图 4-156 所示；设置封面的页眉页脚为空。最后保存并关闭文档。

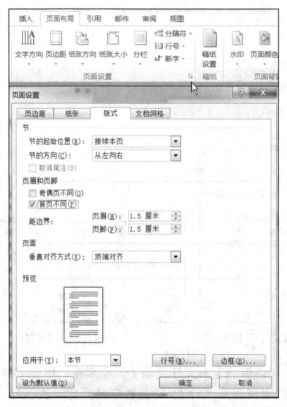

图 4-156 在【页面设置】对话框中设置【首页不同】

实训小结：

本项目通过 4 个实训任务，帮助大学生练习并掌握 Word 2010 的页面设置，文字段落格式设置，样式、分栏、项目符号与编号的设置，生成目录，插入页眉页脚、页码、批注、题注、图片、艺术字、表格及绘制基本图形等基本操作及长文档格式排版的常用操作，掌握 Microsoft Word 2010 这一办公自动化必备的文档编辑利器。

 操作习题

1. 在"习题-项目 4"中打开题号对应的文件夹，打开文档"word.docx"，按照要求完成下列操作并以该文件名（word.docx）保存文档。

（1）将标题段（4. 电子商务技术专利框架）文字设置为三号、蓝色、黑体、加粗、居中。将倒数第五行文字（表 4-1 国内外在中国申请的专利统计）设置为四号、楷体、居中、绿色边框、黄色底纹。

（2）为文档中的第 8～12 行设置项目符号"●"。

（3）将标题段后的第 1 自然段（根据对国内、外电子商务专利技术……是知识和信息技术相结合的成果。）进行分栏，要求分成 3 栏，栏宽相等，栏间加分隔线。

（4）将文档中最后 4 行文字按照制表符转换为一个 4 行 7 列的表格，设置表格居中。计算"申请专利总数"列值。

（5）设置表格左、右、外边框为无边框、上、下、外边框为 3 磅绿色单实线；所有内框线为 1 磅蓝色单实线。

2. 在"习题-项目 4"中打开题号对应的文件夹，打开文档"wdjx03.docx"，按照要求完成下列操作并以该文件名（wdjx03.docx）保存文档。

（1）将标题段（专业方向必修课评定成绩）文字设置为楷体、四号、红色，红色边框，绿色底纹，居中。

（2）为表格第 6 行第 1 列的"电子商务系统建设与管理"加脚注，脚注内容为"注：由于 2003 级还未开课，大部分学生都选择不确定，因而该课程的评定成绩有特殊性。"脚注格式设置为小五、黑体。计算"评定成绩"列内容（求均值），删除表格下方的第一段文字。

（3）设置表格居中，表格第 1 列列宽为 3 厘米，第 2～6 列列宽为 2.3 厘米，行高为 0.8 厘米，表格中所有文字中部居中。

（4）将文档页面的纸型设置为"A4"，页面上下边距各为 3.5 厘米，页面设置为每行 41 个字符，每页 40 行。页面垂直对齐方式为"水平对齐"。

（5）插入分页符，将正文倒数第 1～3 行放在第 2 页，并设置项目符号"●"。为表格下方的段落（专业方向必修课……课程设置比较合理。）文字设置为红色阴影边框，边框宽度为 3 磅。

3. 在"习题-项目 4"中打开题号对应的文件夹，打开文档"word.docx"，按照要求完成下列操作并以该文件名（word.docx）保存文档。

（1）将标题段（1. 国内企业申请的专利部分）文字设置为四号、蓝色、楷体、加粗、居中，为标题设置绿色边框、边框宽度为 3 磅、黄色底纹。

（2）为第 1 段（根据我国企业申请的……覆盖的领域包括：）和最后一段（如果和电子商务知识产权……围绕认证、安全、支付来研究的。）间的 8 行设置项目符号"◆"。

（3）为倒数第 9 行（表 4-2 国内企业申请的专利分类统计）插入脚注，脚注内容为"资料来源：国家知识产权局"，脚注格式设置为小五、宋体。

（4）将最后面的 8 行文字转换为一个 8 行 3 列的表格。设置表格居中，表格中所有文字水平居中。

（5）分别将表格第 1 列的第 4、5 个单元格和第 3 列的第 4、5 个单元格进行合并，分别将第 1 列的第 2、3 个单元格和第 3 列的第 2、3 个单元格进行合并。设置表格外框线为 3 磅、蓝色、单实线，内框线为 1 磅，颜色为黑色（自定义标签的红色：0、绿色：0、蓝色：0）、单实线。

4. 在"习题-项目 4"中打开题号对应的文件夹，打开文档"word.docx"，按照要求完成下列操作并以该文件名（word.docx），保存文档。

（1）将标题段（六指标凸显 60 年中国经济变化）文字设置为红色（标准色）、三号、黑体、加粗、居中，并添加着重号。

（2）将正文各段（对于中国经济总量……还有很长的路要走。）中的文字设置为小四、宋体、行距 20 磅。使用"编号"功能为正文第 3～8 段（综合国力……正向全面小康目标迈进。）添加编号"一、""二、"……"六、"。

（3）设置页面上、下边距各为 4 厘米，页面垂直对齐方式为"底端对齐"。

（4）将文中后 11 行文字转换成 11 行 4 列的表格，并将表格样式设置为"简明型 1"；设置表格居中，表格中所有文字水平居中；设置表格第 1 行为橙色（标准色）底纹，其余各行为浅绿色（标准色）底纹。

（5）设置表格第 1 列宽为 1 厘米、其余各列列宽为 3 厘米，表格行高为 0.6 厘米，表格所有单元格的左、右边距均为 0.1 厘米。

5. 在"习题-项目 4"中打开题号对应的文件夹，请使用 Word 2010 对其中"wdjx02.docx"文档中的文字进行编辑、排版和保存，具体内容如下。

（1）将标题段（排序的基本概念）文字设置为三号、仿宋、红色、加粗、居中，并添加蓝色底纹。

（2）设置正文第 1～3 段落（索引查找……HG001，HG002，HG003）右缩进 1 个字符、行距为 1.2 倍；将正文第 1 段（索引查找……索引表可以有多级。）分三栏（栏宽相等）。

（3）设置正文第 4 段（排序……（1，560）}。）悬挂缩进 1.5 个字符；正文第 5 段（有序表与无序表……归并排序、分配排序。）首字下沉 2 行（距正文 0.1 厘米）；设置页眉为"排序"、字体大小为"小五"；在页面底端（页脚）居中位置插入大写罗马数字页码，起始页码设置为"Ⅳ"。

（4）设置表格样式为"浅色底纹—强调文字颜色 3"，设置表格居中，并以"根据内容调整表格"选项自动调整表格，设置表格所有文字水平居中。

（5）删除表格的第 7、8 两行；排序依据"成绩"列（主要关键字）、"数字"类型降序，然后依据"性别"列（次要关键字）、"拼音"类型降序对记录表进行排序。

6. 在"习题-项目 4"中打开题号对应的文件夹，打开文档"word1.docx"，按照要求完成下列操作并以该文件名（word1.docx）保存文件。

（1）将标题段文字（高速 CMOS 的静态功耗）设置为小二蓝色、黑体、居中、字符间距加宽 2 磅、段后间距 0.5 行。

（2）将正文各段文字（在理想情况下……Icc 规范值。）中的中文文字设置为 11 磅、宋体，英文文字设置为 11 磅、Arial 字体；将正文第 3 段（然而，……因而漏电流增大。）移至第 2 段（对所有的 CMOS 器件，……直流电流。）之前；设置正文各段首行缩进 2 字符、行距为 1.2 倍行距。

（3）设置页面上、下边距各为 3 厘米。

（4）将文中最后 4 行文字转换成一个 4 行 3 列的表格；在第 2 列与第 3 列之间添加一列，并依次输入该列内容"缓冲器""4""40""80"；设置表格列宽为 2.5 厘米、行高为 0.6 厘米、表格居中。

（5）为表格第 1 行单元格添加黄色底纹；所有表格线设置为 1 磅红色单实线。

7. 在"习题-项目 4"中打开题号对应的文件夹，请使用 Word 2010 对"word.docx"文档中的文字进行编辑、排版和保存，具体要求如下。

（1）将标题段文字（蛙泳）设置为二号、红色、黑体、加粗、字符间距加宽 20 磅、段后间距 0.5 行。

（2）设置正文各段落（蛙泳是一种……蛙泳配合技术。）左、右各缩进 1.5 个字符，行距为 18 磅。

（3）在页面底端（页脚）居中位置插入大写罗马数字页码，起始页码设置为"IV"。

（4）将文中后 7 行文字转换成 7 行 4 列的表格，设置表格居中，并以"根据内容调整表格"选项自动调整表格，设置表格所有文字中部居中。

（5）设置表格外框线为 1.5 磅蓝色双窄实线、内框线为 0.5 磅蓝色单实线；设置表格第一行为黄色底纹；设置表格所有单元格上、下边距各为 0.1 厘米。

8. 在"习题-项目 4"中打开题号对应的文件夹，打开文档"word.docx"，按照要求完成下列操作并以文件名（word.docx）保存文档。

（1）将标题段（信用卡业务外包）设置为黑体、四号、居中，颜色为自定义标签的红色：102、绿色：102、蓝色：153；将倒数第七行文字（表 1 在印度从事外包业务的若干金融机构）设置为四号、居中，靛蓝色（自定义标签的红色：51、绿色：51、蓝色：153），边框、底纹颜色为自定义标签的红色：130、绿色：130、蓝色：100。

（2）为第 3 段（一类是将信用卡业务……达到保留客户目的；）和第 4 段（另一类则是将……作为支柱业务来发展。）设置项目符号"●"。

（3）设置页眉为"信用卡业务外包"，字体字号为小五、宋体。

（4）将最后面的 6 行文字转换为 6 行 4 列的表格，第 2、4 列表格列宽设置为 2 厘米。设置表格居中，表格中所有文字水平居中。

（5）设置表格外框线和第 1 行的下框线为 3 磅蓝色单实线，内框线为 1 磅黑色（自定义标签的红色：0、绿色：0、蓝色：0），单实线。

9．在"习题-项目 4"中打开题号对应的文件夹，按照要求完成如下操作。

（1）打开文件夹下的"wd16a.docx"，输入下列文字，并以下列格式进行分段，并且将字体设置成宋体，字号设置成五号，对齐方式为居中，将编辑后的文字存储为文件"wd16a.docx"。

输入的文字内容为：随着计算机技术的发展与普及，计算机已经成为各行各业最基本的工具之一，而且正迅速进入千家万户，有人还把它称为"第二文化"。

（2）打开文件夹下的"wd16b.docx"，将上面文件（"wd16a.docx"）的内容复制四次到"wd16b.docx"中，并将各段文字连成一个段落，字体字号保持不变，格式为文本右对齐，并存储为文件"wd16b.docx"。

（3）打开文件夹下的"wd16c.docx"，将上面文件（"wd16b.docx"）的内容复制到"wd16c.docx"中，并将文中的"计算机"全部替换为字体为黑体、字号为三号、字形为加粗的"计算机"，并存储为文件"wd16c.docx"。

（4）打开文件夹下的"wd16d.docx"，制作如"temp03001.gif"中所示的表格（列宽 2 厘米，行高 0.7 厘米，表格边框为 1.5 磅，表内线为 0.75 磅的 6 列 4 行表格），并填入相应的内容，并存储为文件"wd16d.docx"。

10．在"习题-项目 4"中打开题号对应的文件夹，按照要求完成如下操作。

（1）打开文件"wd121.docx"，插入文件"wt121.docx"的内容，全文设置为四号、楷体，居中，项目符号为"●"，储存为文件"wd121.docx"。

（2）打开文件"wd122.docx"，插入文件"wd121.docx"的内容，全文两倍行距，第二段文字加粗，第 4 段文字设置为"字下加线"，第 5 段文字设置为蓝色，储存为文件"wd122.docx"。

（3）打开文件"wd123.docx"，插入文件"wt122.docx"的内容，设置列宽 2 厘米，行高 0.67 厘米，按"基本工资"降序排序，储存为文件"wd123.docx"。

（4）打开文件"wd124.docx"，插入文件"wd123.docx"的内容，计算并填入实发工资"=基本工资+奖金"，在原位置储存为文件"wd124.docx"。

11. 在"习题-项目 4"中打开题号对应的文件夹，打开文档"word.docx"，按照要求完成下列操作并以该文件名（word.docx）保存文档。

（1）将文中所有错词"严肃"替换为"压缩"。

（2）将标题段落（WinImp 压缩工具简介）设置为小三、宋体、居中，并添加蓝色阴影边框。

（3）将正文（特点……如表一所示）各段落中的所有中文文字设置为宋体、英文文字设置为 Arial 字体；各段落悬挂缩进 2 个字符，段前间距 0.5 行。

（4）将文中最后 3 行统计数字转换成一个 3 行 4 列的表格，设置表格居中、表格列宽为 3 厘米、表格所有内容水平居中，并设置表格底纹为灰色（自定义标签的红色：192、绿色：192、蓝色：192）；以原文件名保存文档。

12. 在"习题-项目 4"中打开题号对应的文件夹，打开文档"word.docx"，按照要求完成下列操作并以该文件名（word.docx）保存文档。

（1）将文中所有错词"燥声"替换为"噪声"。

（2）将标题段落（"噪声的危害"）设置为三号、红色、宋体、居中，为段落添加黄色底纹。

（3）将正文文字（噪声是任何一种……影响就更大了。）设置为小四、楷体，各段落首行缩进 2 个字符，段前间距 1 行。将第 3 段（噪声会严重干扰……的一大根源）移至第 2 段（强烈的噪声……听力显著下降）之前，使之成为第 2 段。

（4）将表的标题段（声音的强度与人体感受之间的关系）设置为小五、宋体、红色、加粗、居中。

（5）将文中最后 8 行文字转换成一个 8 行 2 列的表格，表格居中，列宽 3 厘米，表格中的文字设置为五号、宋体，第 1 行文字对齐方式为中部居中，其余各行文字对齐方式为靠下右对齐。

13. 在"习题-项目 4"中打开题号对应的文件夹，按照要求完成如下操作。

（1）打开文档"word1.docx"，按照要求完成下列操作并以该文件名（word1.docx）保存文档。

① 将标题段文字（我国实行渔业污染调查鉴定资格制度）设置为三号、黑体、红色、加粗、居中，并添加蓝色方框，段后间距设置为 1 行。

② 将正文各段文字（农业部今天向……技术途径。）设置为四号、仿宋，首行缩进 2 个字符，行距为 1.5 倍行距。

③ 将正文第三段（农业部副部长……技术途径。）分为等宽的两栏。

（2）打开文档"word2.docx"，按照要求完成下列操作并以该文件名（word2.docx）保存文档。

① 删除表格的第 3 列（"职务"），在表格最后一行之下增添 3 个空行。

② 设置表格列宽：第 1 列和第 2 列为 2 厘米，第 3、4、5 列为 3.2 厘米；将表格

外部框线设置成蓝色、1.5 磅，表格内部框线设置为蓝色、1 磅；第 1 行加蓝色底纹。

14. 在"习题-项目 4"中打开题号对应的文件夹，按照要求完成如下操作。

（1）打开文档"word1.docx"，按照要求完成下列操作并以该文件名（word1.docx）保存文档。

① 将文中所有错词"网罗"替换为"网络"；将标题段文字（首届中国网络媒体论坛在青岛开幕）设置为三号、黑体、红色、加粗、居中，并添加波浪下划线。

② 将正文各段文字（6 月 22 日……评选办法等。）设置为 12 磅、宋体；第 1 段首字下沉，下沉行数为 2，距正文 0.2 厘米；除第 1 段外的其余各段落左、右各缩进 1.5 个字符，首行缩进 2 个字符，段前间距 1 行。

③ 将正文第 3 段（论坛的主题是……管理和自律。）分为等宽两栏，其栏宽 17 个字符。

（2）打开文档"word2.docx"，按照要求完成下列操作并以该文件名（word2.docx）保存文档。

① 在表格顶端添加表标题"利民连锁店集团销售统计表"，并设置为小二、楷体、加粗、居中。

② 在表格底部插入一空行，在该行第 1 列的单元格中输入行标题"小计"，在其余各单元格中填入该列各单元格中数据的总和。

15. 在"习题-项目 4"中打开题号对应的文件夹，打开"word1.docx"，按照要求完成下列操作并以该文件名（word1.docx）保存文档。

（1）将标题段文字（"甲 A 第 20 轮前瞻"）设置为三号、红色、仿宋（西文使用中文字体）、居中、加蓝色方框、段后距 0.5 行。

（2）将正文各段（"戚务员……前三名。"）设置为悬挂缩进 2 个字符、左右各缩进 1 个字符、行距为 1.1 倍行距。

（3）设置页面纸型为"A4"。

（4）将文中最后 4 行文字转换成 4 行 9 列的表格，并在"积分"列按公式"积分=3*胜+平"计算并输入相应内容。

（5）设置表格第 2 列、第 7 列、第 8 列列宽为 1.7 厘米、其余列列宽为 1 厘米、行高为 0.6 厘米、表格居中；设置表格中所有文字水平居中；设置所有表格线为 1.5 磅蓝色双窄实线。

16. 在"习题-项目 4"中打开题号对应的文件夹，打开文档"word.docx"，按要求完成下列操作并以该文件名（word.docx）保存文档。

（1）将文中所有错词"绞车"替换为"轿车"。将标题段（上半年我国十大畅销轿车品牌）文字设置为 20 磅、红色、仿宋、加粗、居中，并添加蓝色波浪下划线。

（2）设置正文各段落（新华社北京……75.63%。）为 1.2 倍行距、段前间距 0.5 行；设置正文第 1 段（新华社北京……39.47%。）首行下沉 2 行（距正文 0.2 厘米）、其余各段落（另外，……75.93%。）首行缩进 2 个字符。

（3）设置左、右页边距各为 2.8 厘米。

（4）将文中后 11 行文字转换成 11 行 3 列的表格，在表格末尾添加一行，并在其第 1 列（"名称"列）单元格内输入"合计"二字，在第 2（"六月销量"列）、第 3 列（上半年总销量）内填入相应的合计值。

（5）设置表格居中，表格列宽为 3 厘米，行高为 0.7 厘米，表格中所有文字水平居中；设置表格外框线和第 1 行与第 2 行间的内框线为 1.5 磅、蓝色、单实线，其余内框线为 0.5 磅、蓝色、单实线。

17．在"习题-项目 4"中打开题号对应的文件夹，打开文档"word.docx"，按照要求完成下列操作并以该文件夹名（word.docx）保存文档。

（1）将大标题段（二、统计分析）文字设置为三号、红色、黑体、加粗、居中。

（2）将小标题段（"1. 调查情况"和"2. 学校教师工作满意感状况"）中的文字设置为四号、楷体。

（3）将段落（最优前五项）进行段前分页，使"最优前五项"及后面的内容分隔到下一页，插入页码，设置位置为"页面顶端（页眉）"、对齐方式为"居中"。

（4）将表格各标题段文字（"最优前五项"与"最差五项"）设置为四号、蓝色、黑体、居中；设置表格所有框线为 1 磅蓝色单实线。

18．在"习题-项目 4"中打开题号对应的文件夹，打开文档"word.docx"，按照要求完成下列操作并以该文件名（word.docx）保存文档。

（1）将文中"最优前五项"与"最差五项"之间的 6 行和"最差五项"后面的 6 行文字分别转换为两个 6 行 3 列的表格。表格设置为居中，表格中所有文字设置为中部居中。

（2）将表格各标题段文字（"最优前五项"与"最差五项"）设置为四号、蓝色、黑体、居中，红色边框、黄色底纹；设置表格所有框线为 1.5 磅、蓝色、单实线。

（3）设置页眉为"学生满意度调查报告"，字体字号为小五、宋体。

（4）插入分页符，将最后一段（从单项条目上来看……教师的工作量普遍偏大。）放在第 12 页，且为此段出现的"排在前五位"和"最差五项"文字加下划线（单实线）。

（5）将最后一段（从单项条目上来看……教师的工作量普遍偏大。）分成三栏，栏宽相等，栏间加分隔线。

19．在"习题-项目 4"中打开题号对应的文件夹，打开"word.docx"，按照要求完成下列操作并以该文件名（word.docx）保存文档。

（1）将标题段文字设置为二号、黑体、加粗、倾斜，并添加红色双波浪线方框。

（2）将正文第 1 段（人行加息消息……较上日收市升 89 点。）设置为悬挂缩进 2 个字符，段后间距 0.3 行。

（3）为正文第 2 段、第 3 段（外汇交易员指出……进一步扩大。）添加项目符号"●"；将正文第 4 段（目前的……提高其不确性。）分为带分隔线的等宽两栏，栏间距为 3 个字符。

（4）将文中后 7 行文字转换为 7 行 3 列的表格，设置表格居中、表格列宽为 2.8 厘米、行高为 0.6 厘米，表格中所有的文字水平居中。

（5）设置表格所有框线为 1.5 磅蓝色单实线；为表格第 1 行添加灰色（自定义标签的红色：192、绿色：192、蓝色：192）底纹；按"货币名称"列根据"拼音"升序排列表格内容。

项目 5
Excel 2010 应用

实训目的：

1. 掌握 Excel 2010 工作簿、工作表的基本操作，各类数据的输入和编辑，基本格式、条件格式的设置，样式、自动套用模式和模板的使用；

2. 掌握 Excel 2010 工作表中公式的输入和复制，常用函数的使用；

3. 掌握 Excel 2010 数据图表的建立、编辑和修改以及修饰；

4. 掌握 Excel 2010 数据的管理，如排序、筛选等操作；

5. 掌握 Excel 2010 数据的分析，如分类汇总、数据透视表等操作。

实训内容：

1. 通过任务 5.1，掌握工作表的格式设置、数据输入和编辑，公式的输入和复制，自动筛选的应用，图表的创建，编辑和修改以及修饰，工作表的重命名，批注和 Word 文档的添加，条件格式的设置等操作；

2. 通过任务 5.2，进一步熟悉工作表的格式设置，公式的输入和复制，图表的创建、编辑、修改以及修饰，掌握常用函数的使用、排序、高级筛选、条件格式、分类汇总、工作表的保护等操作；

3. 通过任务 5.3，进一步熟悉工作表的格式设置、公式的输入和复制、常用函数的灵活运用，掌握数据透视表的创建、工作簿的保护等操作。

任务 5.1 计算某品牌汽车价格表

打开 Excel 工作簿"某品牌汽车价格表.xlsx"，"价格表"工作表用于存放某品牌汽车 2020 年款式价格表，"降幅率"工作表用于存放该款式汽车的降价情况，要求完成如下操作。

1. 标题行的插入及格式设置

任务布置：在"价格表"工作表前插入一空行，行高设置为 48，将 A1:C1 单元格区域合并后居中，输入标题"某品牌汽车 2020 年款式价格表"，标题格式设置为黑体、18 磅、红色、居中、分两行显示。

图 5-1 | 选择【插入工作表行】选项

任务实施：

（1）在"价格表"工作表中，单击行标"1"选中第 1 行，单击【开始】选项卡的【单元格】组中的【插入】下拉按钮，在展开的下拉列表中选择【插入工作表行】选项，如图 5-1 所示，即可插入一空行；选中新插入的空行，单击【开始】选项卡的【单元格】组中的【格式】下拉按钮，在展开的下拉列表中选择【行高】选项，如图 5-2 所示，在打开的【行高】对话框中输入数值 "48"，单击【确定】按钮返回，如图 5-3 所示。

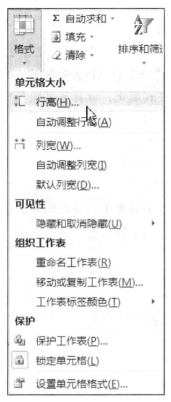

图 5-2｜选择【行高】选项   图 5-3｜【行高】对话框

（2）选中 A1:C1 单元格区域，单击【开始】选项卡的【对齐方式】组中的【合并后居中】按钮 合并后居中，将单元格区域合并并居中；输入标题内容，选中该单元格，在【开始】选项卡的【字体】组中设置字体为黑体、字号为 18 磅、字体颜色为红色；将光标定位于 "2020 年款式" 文字左侧，按【Alt+Enter】组合键，完成将文字分两行显示的设置。

2. 数据的输入

任务布置：在"价格表"工作表 A2:B7 单元格区域所构成的数据清单下方输入以下信息：

　　　　1.6 手动豪华版　　13.98

任务实施：

把光标置于 A8 单元格内，输入文本 "1.6 手动豪华版"；把光标置于 B8 单元格内，输入文本 "13.98"。

3. 用公式法计算各种车型的现价

任务布置：在"价格表"工作表中，用公式法计算各种车型的现价，计算公式"现价=指导价*(1-降幅率)"，设置现价单元格的格式为货币类型，人民币符号，保留2位小数。

任务实施：

（1）现价公式"现价=指导价*(1-降幅率)"中的降幅率数据在另一张"降幅率"工作表中，因此需要用到跨工作表的计算，需要在公式中引用其他工作表的名称，即"工作表名!单元格地址"。单击C3单元格，输入公式"=B3*(1-降幅率!B2)"；单击C3单元格显示其右下方的填充柄，向下拖拉填充柄进行公式填充，计算出其他车型的现价。

（2）需要注意输入计算公式时，所有的符号均需使用英文的半角符号。

（3）设置"现价"单元格区域的格式为"货币类型，人民币符号，保留2位小数"。选中现价所在的单元格区域C3:C8，单击【开始】选项卡的【单元格】组中的【格式】下拉按钮，在下拉列表中选择【设置单元格格式】选项，如图5-4所示；在弹出的【设置单元格格式】对话框中，选择【数字】选项卡的【分类】列表框中的【货币】选项，在对话框右侧设置【小数位数】为"2"，并将【负数】设置为"¥-1234.10"，如图5-5所示。

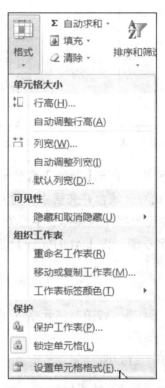

图5-4｜选择【设置单元格格式】选项

4．单元格样式设置

任务布置：在"价格表"工作表中，将单元格区域A2:C8的格式设置为单元格样式"标题2"，对齐方式为水平居中。

图 5-5 | 【设置单元格格式】对话框

任务实施：

（1）选中单元格区域 A2:C8，在【开始】选项卡的【样式】组中单击【单元格样式】按钮；在全屏状态下，【单元格样式】按钮会拉伸变形，此时若要展开单元格样式，需单击其右下角的【其他】按钮，如图 5-6 所示；在展开的下拉列表中选择【标题 2】，如图 5-7 所示。

图 5-6 | 单击【其他】按钮

图 5-7 | 【单元格样式】下拉列表

（2）选中单元格区域 A2:C8，在【开始】选项卡的【对齐方式】组中单击【居中】按钮将内容设置为水平居中。

5."价格表"工作表的复制、重命名及筛选操作

任务布置：复制并粘贴"价格表"工作表，使之成为一个新的工作表，将新工作表名字重命名为"筛选"，在"筛选"工作表的 A2:C8 单元格区域中，筛选出"自动"档车型的记录。

任务实施：

（1）用鼠标右键单击窗口左下角的工作表标签"价格表"，在展开的快捷菜单中选择【移动或复制】命令，打开【移动或复制工作表】对话框，在对话框中选中【建立副本】复选框，单击【确定】按钮，如图 5-8 所示；用鼠标右键单击新出现的工作表标签"价格表（2）"，选择【重命名】命令，输入新工作表名"筛选"。

（2）在新建的"筛选"工作表中，选中单元格区域 A2:C8，单击【数据】选项卡的【排序和筛选】组中的【筛选】按钮；这时标题区域的每个字段右侧都出现一个筛选下拉按钮。单击"车型"字段名右侧的筛选下拉按钮，在下拉列表中选择【文本筛选】—【包含】选项，弹出【自定义自动筛选方式】对话框，在【车型】下拉框中选择"包含"，在值输入框中输入"自动"，如图 5-9 所示，单击【确定】按钮返回。

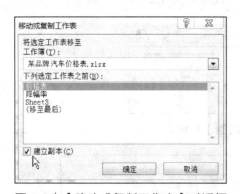
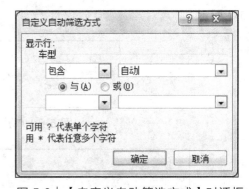

图 5-8 ｜【移动或复制工作表】对话框　　　图 5-9 ｜【自定义自动筛选方式】对话框

6. 图表的建立、编辑和修改以及修饰

任务布置：在"筛选"工作表中，制作筛选后各车型现价的簇状柱形图表，系列产生在行，图表上方显示标题"价格图表"（标题设置为楷体、16 磅、标准色蓝色），数据标签包含值（标签位置为"数据标签外"），在底部显示图例；设置绘图区的渐变填充为预设颜色中的"麦浪滚滚"；将产生的图表放置在单元格区域 A10:D23 中。

任务实施：

（1）在工作表"筛选"中，选中筛选后的"车型"列和"现价"两列，即 A2:A7 单元格区域和 C2:C7 单元格区域，单击【插入】选项卡的【图表】组中右下角的【创建图表】按钮 。

（2）弹出【插入图表】对话框，选择【柱形图】及其子图表"簇状柱形图"，如图

5-10 所示，单击【确定】按钮返回。

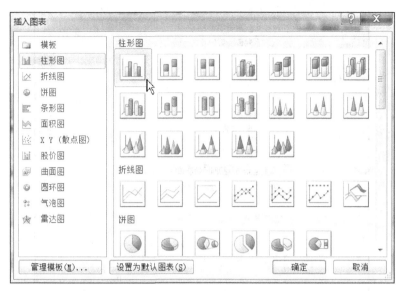

图 5-10 | 【插入图表】对话框

（3）设置系列产生在行。选中新生成的图表，在【图表工具】—【设计】选项卡的【数据】组中单击【切换行/列】按钮。

（4）设置图表标题。选中新生成的图表，在【图表工具】—【布局】选项卡的【标签】组中单击【图表标题】下拉按钮，在下拉列表中选择【图表上方】选项，在图表上方出现的图表标题区域内输入标题内容"价格图表"；选中图表标题，在【开始】选项卡的【字体】组中单击【字体】按钮右侧的下三角按钮，在展开的下拉列表中选择"楷体"；单击【字号】按钮右侧的下三角按钮，在展开的下拉列表中选择"16"；单击【字体颜色】按钮右侧的下三角按钮，在展开的下拉列表中选择【其他颜色】选项，在打开的【颜色】对话框中选择【标准色】为"蓝色"，单击【确定】按钮返回。

（5）设置数据标签和图例位置，修饰图表。选中生成的图表，在【图表工具】—【布局】选项卡的【标签】组中单击【数据标签】下拉按钮，在展开的下拉列表中选择【其他数据标签选项】选项，弹出【设置数据标签格式】对话框，如图 5-11 所示，在【标签选项】栏中选中【值】复选框和【数据标签外】单选按钮，单击【关闭】按钮返回，为图表的数据标签添加相应的值；在【图表工具】—【布局】选项卡的【标签】组中单击【图例】下拉按钮，在展开的下拉列表中选择【在底部显示图例】选项，完成图例位置设置；用鼠标右键单击图表的绘图区，在展开的快捷菜单中选择【设置绘图区格式】命令，打开【设置绘图区格式】对话框，在【填充】栏中选中【渐变填充】单选按钮，在【预设颜色】下拉框中选择"麦浪滚滚"，如图 5-12 所示，单击【关闭】按钮返回，完成绘图区格式设置；用鼠标拖动图表区，把图表拖放到单元格区域 A10:D23 左上角，拖动图表的右下角，把图表调整为适当大小。

图 5-11 | 【设置数据标签格式】对话框

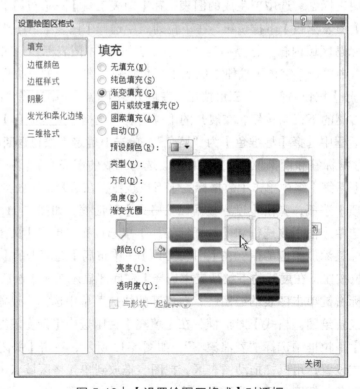

图 5-12 | 【设置绘图区格式】对话框

7．插入批注

任务布置：在"价格表"工作表的单元格 C2 中插入批注，内容为"现价=指导价*(1−降幅率)"。

任务实施：

在"价格表"工作表中选中单元格 C2，单击【审阅】选项卡的【批注】组中的【新建批注】按钮，在弹出的批注框内输入相应的文本内容，如图 5-13 所示。

图 5-13 | 批注框

8．套用表格格式及条件格式设置

任务布置：在"降幅率"工作表中，为单元格区域 A1:B7 套用表格格式"表样式浅色 2"；在"降幅率"工作表中，利用条件格式把 B2:B7 单元格区域设置为"实心填充—绿色数据条"；保存并关闭工作簿。

任务实施：

（1）在"降幅率"工作表中，选中单元格区域 A1:B7，单击【开始】选项卡的【样式】组中的【套用表格格式】下拉按钮，在弹出的表格格式框内选择【浅色】中的"表样式浅色 2"，如图 5-14 所示，完成自动套用格式设置。

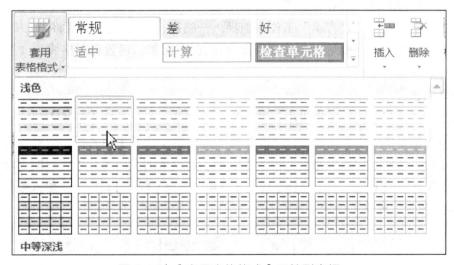

图 5-14 | 【套用表格格式】下拉列表框

（2）选中单元格区域 B2:B7，单击【开始】选项卡的【样式】组中的【条件格式】下拉按钮，在弹出的条件格式框内选择【数据条】—【实心填充】中的"绿色数据条"，如图 5-15 所示，完成条件格式设置。最后保存并关闭工作簿。

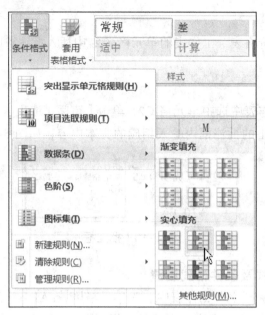

图 5-15 │【条件格式】下拉列表框

任务 5.2　计算公司银行存款表

　　打开 Excel 工作簿"公司银行存款表.xlsx"，"公司存款"工作表用于存放某公司 2020 年存款情况，在工作簿中完成以下操作。

1. 标题行的插入及格式设置

　　任务布置：在"公司存款"工作表前插入一空行，行高设为 48，将 A1:H1 单元格区域合并后居中，输入标题"某公司存款表（2020 年）"，设置标题格式为"黑体、20 磅、红色、分两行显示"。

　　任务实施：

　　（1）在"公司存款"工作表中，单击行标选中第 1 行，单击【开始】选项卡的【单元格】组中的【插入】下拉按钮，在展开的下拉列表中选择【插入工作表行】选项，插入 1 个空行；选中新插入的空行，单击【开始】选项卡的【单元格】组中的【格式】下拉按钮，在展开的下拉列表中选择【行高】选项。弹出【行高】对话框，输入数值"48"，如图 5-16 所示，单击【确定】按钮。

图 5-16 │【行高】对话框

　　（2）选中 A1:H1 单元格区域，单击【开始】选项卡的【对齐方式】组中的【合并后居中】按钮 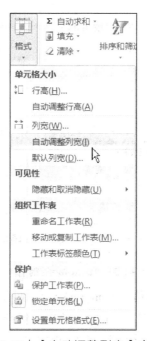合并后居中·，设置单元格区域合并居中；输入标题内容"某公司存款表（2020年）"；选中该单元格区域，设置【字体】为"黑体"、【字号】为"20 磅"、【字体颜色】为"红色"；将光标定位在"（2020 年）"文字左侧，按【Alt+Enter】组合键，完成将文字分两行显示。

2. 使用公式计算每月的本息

任务布置：在"公司存款"工作表中，使用公式计算每月的本息，公式为"本息=金额+金额×利率/100×存期"。

任务实施：

（1）根据公式"本息=金额+金额×利率/100×存期"，在"公司存款"工作表中选中单元格 F3，在编辑栏中输入计算公式"=D3+D3*E3/100*C3"后按【Enter】键；单击F3 单元格显示其右上方的填充柄，向下拖拉填充柄进行公式填充，计算出每个月的本息；输入计算公式时，注意所有的符号均需使用英文的半角符号。

（2）将单元格区域 F3:F14 的数据格式设置为两位小数数值类型。选中单元格区域F3:F14，单击【开始】选项卡的【单元格】组中的【格式】下拉按钮，在下拉列表中选择【设置单元格格式】选项，弹出【设置单元格格式】对话框；在【数字】选项卡的【分类】列表框中单击【数值】，设置【小数位数】为"2"、【负数】为"¥-1234.10"；单击【确定】按钮返回。如果单元格区域 F3:F14 的内容显示为"#######"，是因为单元格的内容超过 F 列的原有宽度，解决方法一，双击 F 列和 G 列的列标分界线；解决方法二，选择单元格区域 F3:F14，在【开始】选项卡的【单元格】组中单击【格式】下拉按钮，在展开的下拉列表中选择【自动调整列宽】选项，如图 5-17 所示。

图 5-17 【自动调整列宽】命令

3. AVERAGE 函数、SUMIF 函数、COUNTIF 函数及 AVERAGEIF 函数的使用

任务布置：在"公司存款"工作表中，利用 AVERAGE 函数计算每月存款的平均值并放置于 D16 单元格中，利用 SUMIF 函数计算存入工商银行的本息总额并放置于 F17 单元格中，利用 COUNTIF 函数计算存入工商银行的记录行数并放置于 F18 单元格中，利用 AVERAGEIF 函数计算平均每次存入工商银行的本息并放置于 F19 单元格中。

任务实施：

（1）利用 AVERAGE 函数计算每月存款的平均值。在"公司存款"工作表中，选中 D16 单元格，在【开始】选项卡的【编辑】组中单击【自动求和】按钮右侧的下三角按钮，在展开的下拉列表中选择【平均值】选项，在单元格 D16 插入 AVERAGE 函数，将函数参数的单元格区域地址改为"D3:D14"，按【Enter】键返回。

（2）利用 SUMIF 函数计算存入工商银行的本息总额。选择 F17 单元格，在【开始】选项卡的【编辑】组中单击【自动求和】按钮右侧的下三角按钮，在展开的下拉列表中选择【其他函数】选项，弹出【插入函数】对话框；此处也可直接单击【编辑栏】左侧的【插入函数】按钮 *fx* 来实现弹出【插入函数】对话框。在【插入函数】对话框的【选择函数】栏中选择"SUMIF"函数，如图 5-18 所示；此处也可在【插入函数】对话框的【搜索函数】栏输入"SUMIF"，再单击右侧的【转到】按钮来快速查找定位"SUMIF"函数。在【插入函数】对话框中单击【确定】按钮，弹出【函数参数】对话框。

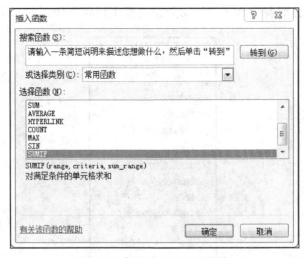

图 5-18 | 插入 SUMIF 函数

SUMIF 函数有 3 个参数需要设置，Range 参数用于设置条件所在单元格区域地址，Criteria 参数用于设置条件具体值，Sum_range 参数用于设置计算求和的单元格区域地址。根据题意，应在"存款银行"列中查找"工商银行"的条目，将其本息值求和。因此设置【Range】值为"G3:G14"、【Criteria】值为"工商银行"、【Sum_range】值为"F3:F14"。

参数设置框内输入的所有符号必须是英文的半角符号，如输入中文的符号会引起函数错误。单击【确定】按钮返回，如图 5-19 所示。

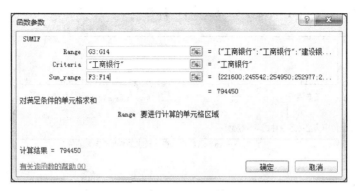

图 5-19 | SUMIF 函数设置

此处常见的错误是把【Criteria】值设置为"G3"，虽然当前 G3 单元格的内容是"工商银行"，这种错误设置后的计算结果也与正确结果数值相同；但如果后续 G3 单元格的内容发生变化，如变成"建设银行"，那计算结果就变成存入建设银行的本息总额了。

（3）利用 COUNTIF 函数计算存入工商银行的记录行数。选择 F18 单元格，然后在【开始】选项卡的【编辑】组中单击【自动求和】按钮右侧的下三角按钮，在展开的下拉列表中选择【其他函数】选项，弹出【插入函数】对话框；此处也可直接单击【编辑栏】左侧的【插入函数】按钮 *fx* 来实现弹出【插入函数】对话框。在【插入函数】对话框的【选择函数】栏中选择"COUNTIF"函数；此处也可在【插入函数】对话框的【搜索函数】栏中输入"countif"，再单击右侧的【转到】按钮来快速查找定位"COUNTIF"函数，如图 5-20 所示。在【插入函数】对话框中单击【确定】按钮，弹出【函数参数】对话框。

图 5-20 | 插入 COUNTIF 函数

COUNTIF 函数有 2 个参数需要设置，Range 参数用于设置条件所在单元格区域地址，Criteria 参数用于设置条件具体值。根据题意，应在"存款银行"列中查找"工商银行"的条目，将其记录个数逐一计数。因此设置【Range】值为"G3:G14"、【Criteria】值为"工商银行"。单击【确定】按钮返回，如图 5-21 所示。

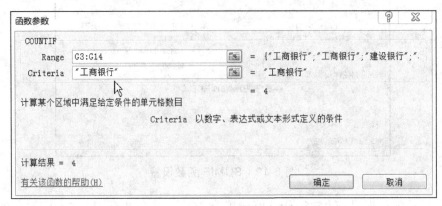

图 5-21 | COUNTIF 函数设置

（4）利用 AVERAGEIF 函数计算平均每次存入工商银行的本息。前面已在 F17 单元格中计算出存入工商银行的本息总额，在 F18 单元格中计算出存入工商银行的记录行数，只需将两者相除即可；选择单元格 F19，在编辑栏中输入计算公式"=F17/F18"；此处也可使用 AVERAGEIF 函数来解答，如图 5-22 所示。

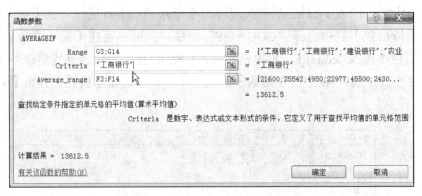

图 5-22 | AVERAGEIF 函数设置

4．设置条件格式

任务布置：在"公司存款"工作表中，利用条件格式将 E3:E14 单元格区域设置为"渐变填充—红色数据条"；利用条件格式将"本息（元）"列数据区域中 250000 元以下的数据的字体颜色设置为蓝色、250000 元以上（包括 250000 元）的数据的字体颜色设置为红色。

任务实施：

（1）在"公司存款"工作表中选择单元格区域 E3:E14，单击【开始】选项卡的【样式】组中的【条件格式】下拉按钮，在弹出的条件格式框内单击【数据条】—【渐变填充】，选择"红色数据条"，完成条件格式设置，如图 5-23 所示。

图 5-23 | 【条件格式】下拉列表框

（2）选择"本息（元）"列所在的单元格区域 F3:F14，单击【开始】选项卡的【样式】组中的【条件格式】下拉按钮，在展开的下拉列表中选择【新建规则】选项，如图5-24 所示；弹出【新建格式规则】对话框，在【选择规则类型】列表框中选择【只为包含以下内容的单元格设置格式】，在对话框下方的【编辑规则说明】中设置第一个条件为"单元格值""小于""250000"，如图 5-25 所示；单击右下方的【格式】按钮，在弹出的【设置单元格格式】对话框中选择【字体】选项卡，设置【颜色】为"蓝色"，如图 5-26 所示；单击两次【确定】按钮返回。

图 5-24 | 选择【新建规则】选项

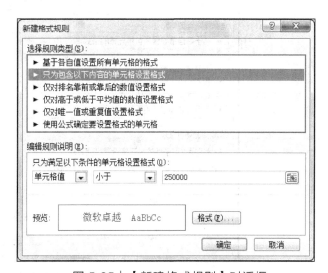

图 5-25 | 【新建格式规则】对话框

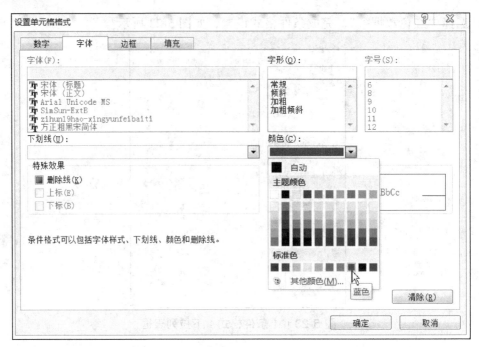

图 5-26 | 【设置单元格格式】对话框

（3）再次单击【开始】选项卡的【样式】组中的【条件格式】按钮，在展开的下拉列表中选择【新建规则】选项，弹出【新建格式规则】对话框；在【选择规则类型】列表框中选择【只为包含以下内容的单元格设置格式】选项，设置第二个条件为"单元格值""大于或等于""250000"，如图 5-27 所示；单击【格式】按钮，在弹出的【设置单元格格式】对话框中选择【字体】选项卡，设置【颜色】为"红色"，单击两次【确定】按钮返回，完成条件格式设置。

图 5-27 | 【新建格式规则】对话框

5．离散分布数据的复制及多关键字排序设置

任务布置：将"公司存款"工作表的 B2:B14、G2:G14、D2:D14 单元格区域的数据复制到"Sheet2"工作表的 A1:C13 单元格区域中，将"Sheet2"工作表的表名改为"分析结果"；在"分析结果"工作表中，对 A1:C13 单元格区域所构成的数据先按主要关键字"存款银行"列进行升序排序，再按次要关键字"金额"列进行降序排列。

任务实施：

（1）在"公司存款"工作表中，按住【Ctrl】键同时选择 B2:B14、G2:G14、D2:D14 单元格区域，将数据复制并粘贴到"Sheet2"工作表的 A1:C13 单元格区域中；在"Sheet2"工作表中，选中 A 列并设置为"自动调整列宽"，对调 B2:B14 单元格区域和 C2:C14 单元格区域的单元格内容，使 B 列成为"存款银行"、C 列成为"金额（元）"。

（2）双击"Sheet2"工作表的标签，将工作表的名称改为"分析结果"；在"分析结果"工作表中，选择 A1:C13 单元格区域，在【数据】选项卡的【排序和筛选】组中单击【排序】按钮，弹出【排序】对话框；在【主要关键字】中选择"存款银行"字段，在【次序】中选择"升序"；在【次要关键字】中选择"金额（元）"字段，在【次序】中选择"降序"，单击【确定】按钮返回，如图 5-28 所示。

图 5-28 ｜【排序】对话框

6．分类汇总的删除与创建

任务布置：在"分类汇总"工作表中，先删除错误的分类汇总，再按照新要求重做分类汇总；新的分类汇总要求计算各存款银行存款金额的总值，并将各列都设置为"自动调整列宽"。

任务实施：

（1）删除错误的分类汇总。在"分类汇总"工作表中，选中单元格区域 A1:C26，单击【数据】选项卡的【分级显示】组中的【分类汇总】按钮，在弹出的【分类汇总】对话框中单击左下角的【全部删除】按钮，删除错误的分类汇总。

（2）创建新的分类汇总。根据题意，正确的分类汇总应该是按"存款银行"分类，计算存款金额的总和，因此需要先做前期准备工作，根据分类字段"存款银行"进行排序；在"分类汇总"工作表中，选择单元格区域 B1:B13 中的任一单元格，在【数据】

选项卡的【排序和筛选】组中单击【升序】按钮，如图 5-29 所示，完成根据分类字段"存款银行"进行排序的前期准备工作。

图 5-29 | 单击【升序】按钮

（3）在"分类汇总"工作表中，选择 A1:C13 单元格区域，在【数据】选项卡的【分级显示】组中单击【分类汇总】按钮，弹出【分类汇总】对话框；根据题意，需按"存款银行"分类，计算存款金额的总和，因此在【分类字段】栏中选择"存款银行"，在【汇总方式】栏中选择"求和"，在【选定汇总项】栏中选中【金额（元）】复选框，如图 5-30 所示，单击【确定】按钮返回，完成分类汇总设置。

（4）在"分类汇总"工作表中，选中 A 列、B 列、C 列，在【开始】选项卡的【单元格】组中单击【格式】下拉按钮，在展开的下拉列表中选择【自动调整列宽】选项，将各列设置为最适合的列宽。

图 5-30 | 【分类汇总】对话框

7. 图表的建立、编辑、修改以及修饰

任务布置：在"分类汇总"工作表中，基于各存款银行存款金额的汇总数据制作分离型三维饼图，数据标签包含值和百分比，图例位于底部，设置图表区格式为图案填充效果"渐变"、预设颜色为"雨后初晴"，其他设置项目取默认值，将产生的图表放置在工作表 A18:E30 单元格区域内。

任务实施：

（1）在已完成分类汇总操作的"分类汇总"工作表中，按住【Ctrl】键同时选择单元格 B16、B11、B6、B1、C1、C6、C11、C16，如图 5-31 所示；单击【插入】选项卡的【图表】组中右下角的"创建图表"按钮▫，弹出【插入图表】对话框，选择【饼图】及其子图表类型"分离型三维饼图"，如图 5-32 所示，单击【确定】按钮返回。

图 5-31 | 制作分离型三维饼图所需选定单元格区域

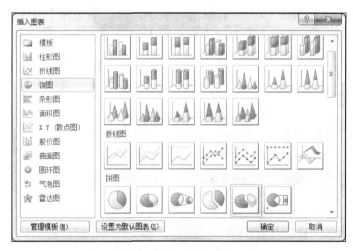

图 5-32 | 【插入图表】对话框

（2）单击新生成的图表，在【图表工具】—【布局】选项卡的【标签】组中单击【图例】下拉按钮，在展开的下拉列表中选择【在底部显示图例】选项，完成图例显示位置的设置。

（3）单击新生成的图表，在【图表工具】—【布局】选项卡的【标签】组中单击【数据标签】下拉按钮，在展开的下拉列表中选择【其他数据标签选项】选项；在弹出的【设置数据标签格式】对话框中，在【标签选项】栏中选中【百分比】复选框，取消选中【值】

复选框，单击【关闭】按钮返回，如图 5-33 所示。

图 5-33 |【设置数据标签格式】对话框

（4）单击新生成的图表，在【图表工具】—【格式】选项卡的【形状样式】组中单击【形状填充】下拉按钮 ，形状填充 ；在展开的下拉列表中选择【渐变】—【其他渐变】选项，如图 5-34 所示，弹出【设置图表区格式】对话框。

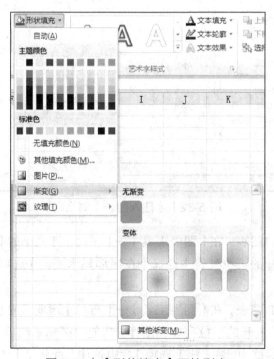

图 5-34 |【形状填充】下拉列表

也可以用鼠标右键单击新生成图表的"图表区",在展开的快捷菜单上选择【设置图表区域格式】命令,同样可以弹出【设置图表区格式】对话框。

(5)在【设置图表区格式】对话框中的【填充】栏中选中【渐变填充】单选按钮,单击【预设颜色】下拉按钮,在展开的下拉列表中选择"雨后初晴",如图 5-35 所示,单击【关闭】按钮,完成图表区格式设置。

图 5-35 |【设置图表区格式】对话框

(6)通过拖动图表的"图表区"来移动其位置,拖放图表的边角端点来调整大小,将图表放置在单元格区域 A18:E30 中。

8. 设置高级筛选

任务布置:在"高级筛选"工作表中,对数据清单内容进行高级筛选,要求筛选出满足条件"系别是计算机,课程名称是计算机图形学,且成绩大于 80 分"或者"系别是自动控制,课程名称是人工智能,且成绩大于 80 分"的两类数据,将筛选后的结果显示在原有区域。

任务实施:

(1)在"高级筛选"工作表中,先在表前插入 4 个空行,前 3 行作为条件区域。

(2)根据题意,在前 3 行输入条件区域的内容,如图 5-36 所示;在输入条件区域时需注意条件区域的列标题必须与数据区域的列标题完全一致。

(3)把光标置于数据区域中的任一单元格内,单击【数据】选项卡的【排序和筛选】组中的【高级】按钮,弹出【高级筛选】对话框;在【高级筛选】对话框的【方式】栏中选中【在原有区域显示筛选结果】单选按钮,将【列表区域】设置为"高级筛选!$A$5:$E$18",将【条件区域】设置为"高级筛选!$A$1:$E$3",如图 5-37 所示,单击【确定】按钮完成高级筛选操作。

图 5-36｜输入条件区域的内容

图 5-37｜【高级筛选】对话框

9. 保护工作表的内容

任务布置：保护"公司存款"工作表内容，设置密码为"123"，完成后保存并关闭工作簿。

任务实施：

（1）选择"公司存款"工作表，在【审阅】选项卡的【更改】组中单击【保护工作表】按钮，弹出【保护工作表】对话框，在【取消工作表保护时使用的密码】栏中输入相应的密码内容，还可以根据实际需要，在【允许此工作表的所有用户进行】列表框中选中允许用户执行的操作，如图 5-38 所示。

图 5-38｜【保护工作表】对话框

（2）单击【确定】按钮，弹出【确认密码】对话框，再次输入相应的密码进行确认。单击【确定】按钮完成保护工作表的设置。最后保存并关闭工作簿。

任务 5.3　计算学校歌手赛成绩表

打开 Excel 工作簿"学校歌手赛成绩表.xlsx",其中的"成绩"工作表存放海洋学院十佳歌手赛的成绩数据,按要求完成以下操作。

1.　利用公式计算每位选手的平均分

任务布置:利用公式计算每位选手的平均分,公式为"平均得分=自选曲×0.7+指定曲×0.3",计算结果保留 2 位小数。

任务实施:

(1)在"成绩"工作表中单击 F2 单元格,输入计算公式"=D2*0.7+E2*0.3",输入计算公式时,所有的符号均需使用英文的半角符号;单击 F2 单元格显示其右上方的填充柄,向下拖拉填充柄进行公式填充,计算出每位选手的平均分。

(2)选择平均得分所在单元格区域 F2:F10,单击【开始】选项卡的【单元格】组中的【格式】下拉按钮,在展开的下拉列表中选择【设置单元格格式】选项,弹出【设置单元格格式】对话框;在【数字】选项卡的【分类】列表框中选择【数值】选项,再将【小数位数】设置为"2",单击【确定】按钮返回,如图 5-39 所示。

图 5-39 | 【设置单元格格式】对话框

2.　用 IF 函数对每位选手评级

任务布置:用 IF 函数对每位选手评级,平均得分若在 90 分以上(含 90 分)则评级为"优秀",平均得分在 90 分以下且 80 分以上(含 80 分)则评级为"良好",否则为"合格"。

任务实施:

(1)选择 G2 单元格,先计算第 1 位选手的评级,在【开始】选项卡的【编辑】组中单击【自动求和】下拉按钮 Σ 自动求和▾,在展开的下拉列表中选择【其他函数】选项,在弹出的【插入函数】对话框中选择"IF"函数,此处也可在【插入函数】对话框的【搜索函数】栏中输入"IF",再单击右侧的【转到】按钮来快速查找定位"IF"函数;单击【确定】按钮,弹出【函数参数】对话框。

(2)IF 函数有 3 个参数需要设置,Logical_test 参数用于设置判断的条件,Value_if_true 参数用于设置条件成立返回的值,Value_if_false 参数用于设置条件不成立返回的值。根据选手的平均得分进行判断,有多个级别,平均得分若在 90 分以上(含 90 分)为"优秀"、80 分以上(含 80 分)90 分以下为"良好",否则为"合格"。因此设置【Logical_test】值为"F2>=90"、【Value_if_true】值为"优秀";当"条件大于等于 90 分"不成立时,还要再次判断平均得分是否大于等于 80 分,才能确定最终的级别。所以在设置 Value_if_false 参数时,还需再次使用 IF 函数进行判断,最终应将【Value_if_false】值设置为"IF(F2>=80,"良好","合格")"。

单击【确定】按钮完成函数参数设置,如图 5-40 所示。

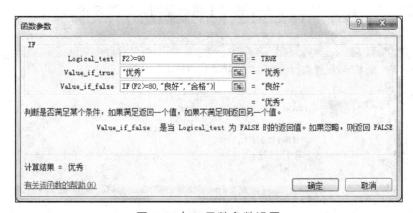

图 5-40 | IF 函数参数设置

(3)单击 G2 单元格,出现填充柄时,向下拖拉单元格右下角的填充柄,向下进行公式填充,计算出每位选手的级别。

3. RANK 函数的应用和绝对引用

任务布置:利用 RANK 函数将每位选手按平均得分降序排名,排名结果置于 H2:H10 单元格区域中。

任务实施:

(1)选择 H2 单元格,先计算第 1 位选手的排名。在【开始】选项卡的【编辑】组中单击【自动求和】下拉按钮;在展开的下拉列表中选择【其他函数】选项;在弹出的【插入函数】对话框中,选择"RANK"函数,此处也可在【插入函数】对话框的【搜索函数】栏中输入"RANK",再单击右侧的【转到】按钮来快速查找定位"RANK"函数；单击【确定】按钮，弹出【函数参数】对话框。

（2）RANK 函数有 3 个参数需要设置，Number 参数用于设置参与排序的具体数值；Ref 参数用于设置排序比较的范围；Order 参数用于设置排位的方式，如果为 0 或者忽略则表示以降序排位，如果为非零值则表示以升序排位。根据题意，应该将第 1 位选手的平均得分与所有选手的平均得分比较，进行排位，因此设置【Number】值为"F2"、【Ref】值为"$F$2:$F$10"、【Order】值为"0"。

此处的 Ref 表示比较的范围，因为后续其他选手也需要在相同的范围内进行比较，所以 Ref 参数的单元格地址必须使用"绝对引用"方式即加上"$"符号，以保证后续将 RANK 函数向下复制时，所有歌手所使用的比较范围固定在同一区域内；单击【确定】按钮返回，如图 5-41 所示。

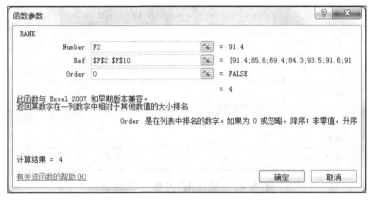

图 5-41 | RANK 函数参数设置

（3）单击 H2 单元格显示其右上方的填充柄，向下拖拉填充柄进行公式填充，计算出每位选手的排名。

4. 利用函数计算选手自选曲得分的最高分与最低分

任务布置：利用 MAX 函数和 MIN 函数计算选手"自选曲"得分的最高分与最低分，并将计算结果分别放置于 D12 与 D13 单元格中。

任务实施：

（1）选择 D12 单元格，在【开始】选项卡的【编辑】组中单击【自动求和】下拉按钮，在展开的下拉列表中选择【最大值】选项，在单元格 F12 中自动填入 MAX 函数，将相应的单元格区域地址修改为"D2:D10"。

（2）选择 D13 单元格，在【开始】选项卡的【编辑】组中单击【自动求和】下拉按钮，在展开的下拉列表中选择【最小值】选项，在单元格 F13 中自动填入 MIN 函数，将相应的单元格区域地址改为"D2:D10"。

5. SUMIF 函数和 COUNTIF 函数的使用

任务布置：利用 SUMIF 函数计算评级为优秀的人员的"平均得分"的总和，并放置于 G14 单元格中；利用 COUNTIF 函数计算评级为优秀的人数，并放置于 G15 单元格中；最后，计算优秀人员"平均得分"的平均数，并放置于 G16 单元格中。

任务实施：

（1）选择 G14 单元格，在【开始】选项卡的【编辑】组中单击【自动求和】下拉按钮，在展开的下拉列表中选择【其他函数】选项，在弹出的【插入函数】对话框中选择"SUMIF"函数，此处也可在【插入函数】对话框的【搜索函数】栏中输入"SUMIF"，再单击右侧的【转到】按钮来实现快速查找定位"SUMIF"函数。单击【确定】按钮弹出【函数参数】对话框。

（2）根据题意，应在"评级"列中查找"优秀"的条目，将其"平均得分"求和。因此设置【Range】值为"G2:G10"、【Criteria】值为"优秀"、Sum_range 值为"F2:F10"；单击【确定】按钮返回，如图 5-42 所示。此处常见的错误是把【Criteria】值设置为"G2"。

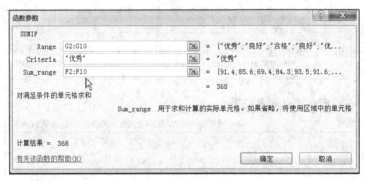

图 5-42 | SUMIF 函数参数设置

（3）选择 G15 单元格，在【开始】选项卡的【编辑】组中单击【自动求和】下拉按钮，在展开的下拉列表中选择【其他函数】选项，在弹出的【插入函数】对话框中选择"COUNTIF"函数，此处也可在【插入函数】对话框的【搜索函数】栏输入"COUNTIF"，再单击右侧的【转到】按钮来快速查找定位 COUNTIF 函数。单击【确定】按钮弹出【函数参数】对话框。

（4）根据题意，应在"评级"中计算"优秀"的个数。因此设置【Range】值为"G2:G10"、Criteria 值为"优秀"；单击【确定】按钮返回，如图 5-43 所示。

图 5-43 | COUNTIF 函数参数设置

（5）选择单元格 G16，在编辑栏中输入计算公式"=G14/G15"；此处也可使用 AVERAGEIF 函数来解答，其参数设置如图 5-44 所示。

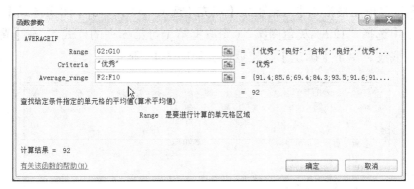

图 5-44 │ AVERAGEIF 函数参数设置

6. 设置单元格边框及图案格式

任务布置：为单元格区域 A1:H10 设置双线外边框、单实线内边框，并为标题区域 A1:H1 设置"12.5%灰色图案"（【图案样式】选择第 1 行第 5 列的样式，【图案颜色】选择"自动"），背景色的颜色为黄色（颜色框最后一行第 4 列）。

任务实施：

（1）选择单元格区域 A1:H10，在【开始】选项卡的【单元格】组中单击【格式】下拉按钮，在展开的下拉列表中选择【设置单元格格式】选项，弹出【设置单元格格式】对话框；选择【设置单元格格式】对话框的【边框】选项卡，在【样式】列表框中选中"双实线"样式，单击【外边框】按钮完成外边框设置。

（2）在【样式】列表框中选中"单实线"样式，单击【内部】按钮完成内边框设置；单击【确定】按钮返回，如图 5-45 所示。

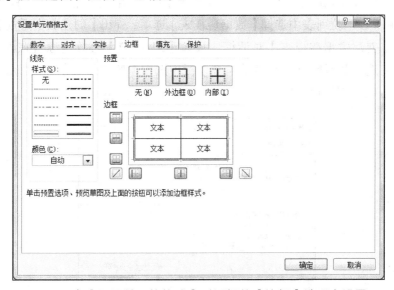

图 5-45 │【设置单元格格式】对话框的【边框】选项卡设置

（3）选择标题区域 A1:H1，在【开始】选项卡的【单元格】组中单击【格式】下拉按钮，在展开的下拉列表中选择【设置单元格格式】选项，弹出【设置单元格格式】对话框；在【设置单元格格式】对话框的【填充】选项卡中，单击【图案样式】下拉按钮，在下拉列表中选择"12.5%灰色图案"（图案框第 1 行第 5 列的样式），在【背景色】栏中选择黄色底纹，单击【确定】按钮返回，如图 5-46 所示。

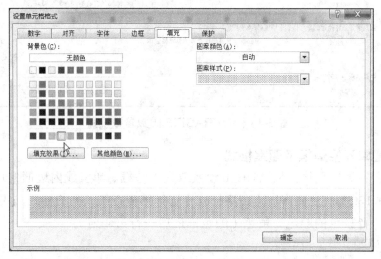

图 5-46 | 【设置单元格格式】对话框的【填充】选项卡设置

7. 使用数据透视表统计各系部各唱法的人数及平均分

任务布置：使用数据透视表的功能统计各系部各唱法的人数及平均分（平均分保留 1 位小数），在新工作表中显示透视表的结果，将新工作表命名为"统计"。

任务实施：

（1）选择数据清单的任一单元格，在【插入】选项卡的【表格】组中单击【数据透视表】下拉按钮，在下拉列表中选择【数据透视表】选项，弹出【创建数据透视表】对话框。

（2）在【创建数据透视表】对话框中设置【表/区域】为数据源所在的单元格区域 A1:H10，在【选择放置数据透视表的位置】栏中选中【新工作表】单选按钮，如图 5-47 所示，单击【确定】按钮返回。

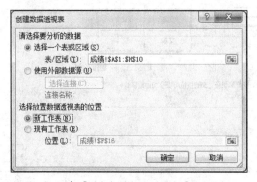

图 5-47 | 【创建数据透视表】对话框

（3）在新工作表中已显示数据透视表的基本版式，在窗口右侧显示【数据透视表字段列表】任务窗格，此处要统计各系部各唱法的人数及平均分，即将数据按部门和唱法分类，统计选手的数量和平均得分项的平均值

（4）将【部门】字段拖至【行标签】区域，将【唱法类别】字段拖至【列标签】区域，将【姓名】字段和【平均得分】字段拖至【数值】区域；默认情况下是以求和方式进行汇总统计的，这里需要更改汇总统计的方式，单击【数值】区域的【求和项：平均得分】右侧的下拉按钮，在展开的列表中选择【值字段设置】选项，弹出【值字段设置】对话框；在【值字段汇总方式】列表框中选择【平均值】汇总方式，如图 5-48 所示，单击【确定】按钮返回。

图 5-48 |【值字段设置】对话框

（5）把【列标签】列表框中的"Σ数值"拖动到【行标签】列表框内，改变数据透视表的整体布局，最终任务窗格的设置如图 5-49 所示。

图 5-49 |【数据透视表字段列表】任务窗格设置

（6）在新生成的数据透视表中选择平均得分所在单元格区域 C7:E7、C10:E10、C13:E13、C15:E15，单击【开始】选项卡的【单元格】组中的【格式】下拉按钮，在展开的下拉列表中选择【设置单元格格式】选项，弹出【设置单元格格式】对话框；在【数字】选项卡的【分类】列表框里选择【数值】选项，将【小数位数】设置为"1"，单击【确定】按钮返回。

（7）双击"Sheet1"工作表的标签，将工作表名改为"统计"。

8. 使新生成的数据透视表与数据区域同处在一个工作表内

任务布置：在"成绩"工作表中重新生成数据透视表，将数据透视表存放在"现有工作表"的 B18 单元格位置。

任务实施：

（1）根据题意，将再次生成的数据透视表存放在"现有工作表"的 B18 单元格位置。在"成绩"工作表中选择数据清单的任一单元格，单击【插入】选项卡的【表格】组中的【数据透视表】下拉按钮，在下拉列表中选择【数据透视表】选项。

（2）在【创建数据透视表】对话框中设置【表/区域】为数据源所在的单元格区域 A1:H10；在【选择放置数据透视表的位置】栏中选中【现有工作表】单选按钮，设置【位置】项目为"成绩!$B$18"，如图 5-50 所示；单击【确定】按钮返回。

（3）后续在"成绩"工作表窗口右侧的【数据透视表字段列表】任务窗格中的设置操作请参考前述内容。

图 5-50 【创建数据透视表】对话框

9. 保护工作簿

任务布置：保护本任务的工作簿结构，设置密码为"E402"，设置完成后保存并关闭工作簿。

任务实施：

（1）单击【审阅】选项卡的【更改】组中的【保护工作簿】按钮，在弹出的【保护结构和窗口】对话框中选中【结构】复选框，在【密码】栏中输入相应的密码内容，如图 5-51 所示。

（2）单击【确定】按钮，将弹出【确认密码】对话框，再次输入相应的密码进行确认，单击【确定】按钮返回，完成保护工作簿结构的设置。保存并关闭工作簿。

图 5-51 │【保护结构和窗口】对话框

实训小结：

本项目通过 3 个实训任务的操作，引导学生综合运用 Excel 2010 表格数据的编辑、计算、管理和分析功能，利用 Excel 2010 实现公式、函数的引用，进行数据图表化及数据管理分析，如排序、筛选、分类汇总等操作，进一步巩固并提高学生对 Excel 2010 的运用能力。

 ## 操作习题

1. 在"习题-项目 5"中打开题号对应的文件夹，按照要求完成下列操作。

（1）打开工作簿文件"table.xlsx"，将下列数据建成一个数据表（存放在 A1:E5 单元格区域内），并求出个人工资的浮动额以及原来工资和浮动额的"总计"（保留小数点后两位），其计算公式是"浮动额=原来工资×浮动率"，将数据表保存在"Sheet1"工作表中。

序号	姓名	原来工资	浮动率	浮动额
1	张三	2500	0.5%	
2	王五	9800	1.5%	
3	李红	2400	1.2%	
总计				

（2）对建立的数据表，选择"姓名""原来工资""浮动额"（不含总计行）3 列数据，建立"簇状圆柱图"图表，图表标题为"职工工资浮动额的情况"，设置坐标轴标题主要横坐标（X）轴标题为"姓名"，主要纵坐标（Z）轴标题为"原来工资"，嵌入在工作表 A7:F17 单元格区域中。

（3）将工作表"Sheet1"更名为"浮动额情况表"。

2. 在"习题-项目 5"中打开题号对应的文件夹，按照要求完成下列操作。

（1）打开工作簿文件"EXC.xlsx"，将下列某种反射性元素衰变的测试结果数据建成一个数据表（存放在 A1:D7 单元格区域内）。将数据表保存在"测试结果误差表"工作表中。

放射性元素衰变的测试结果

时间（小时）	实测值	预测值	误差
0	16.5	20.5	
10	27.2	25.8	
12	38.3	40.0	
18	66.9	68.8	
30	83.4	80.0	

（2）将 A1:D1 单元格区域合并为一个单元格，内容水平居中。设置"时间（小时）"列数据区域水平对齐方式为居中、垂直对齐方式为靠上、列宽为 11。

（3）将第二行的行高设置为 18，字形为加粗、倾斜，字号为 12；将 B3:C7 单元格区域的字体颜色设置为蓝色；将 A1:D7 单元格区域的全部框线设置为双线样式，颜色为蓝色，背景色为红色，图案类型和颜色分别设置为 6.25%灰色和黄色。

（4）计算"误差"列的内容，利用工具栏按钮为"误差"列添加小数位数至 2 位。

3. 在"习题-项目 5"中打开题号对应的文件夹，按照要求完成下列操作。

（1）打开工作簿文件"EXA.xlsx"，将工作表"计算机动画技术成绩单"内的数据内容按主要关键字为"系别"的降序次序和次要关键字为"总成绩"的升序次序进行排序。

（2）对工作表"计算机动画技术成绩单"内的数据内容进行分类汇总，分类字段为"系别"，汇总方式为"平均值"，汇总项为"考试成绩"，将汇总结果显示在数据的下方。

（3）打开工作簿文件"EXC.xlsx"，根据工作表"图书销售情况表"内数据清单的内容建立数据透视表，按行为"经销部门"、列为"图书类别"、数据为"数量（册）"求和布局，并置于现工作表的 H2:L7 单元格区域，工作表名不变，保存"EXC.xlsx"工作簿。

4. 在"习题-项目 5"中打开题号对应的文件夹，按照要求完成下列操作。

（1）打开工作簿文件"EXC.xlsx"，对工作表"选修课程成绩单 1"内的数据内容进行自动筛选（自定义），条件为"成绩大于或等于 80 并且小于或等于 90"。

（2）对工作表"选修课程成绩单 2"内的数据清单的内容进行高级筛选，条件为"系别为计算机并且课程名称为计算机图形学"（在数据表前插入 3 行，前 2 行作为条件区域），将筛选后的结果显示在原有区域，筛选后的工作表还保存在"EXC.xlsx"工作簿文件中，工作表名不变。

5. 在"习题-项目 5"中打开题号对应的文件夹，按照要求完成下列操作。

（1）打开工作簿文件"EXCEL.xlsx"，选择工作表"Sheet1"，在 B6 单元格中利用简单公式计算一年级总人数，计算公式为"B6=B2+B3"，并将 B6 单元格的计算公式复制到 C6:G6 单元格区域中。计算各个年级男、女生所占比例，并以百分比形式显示，计算结果保留 2 位小数。

（2）选择工作表"Sheet2"，按行查找第一个姓"张"的姓名，并将其单元格的内容清除；将工作表"Sheet2"更名为"某校初三学生的身高统计表"。

（3）删除"Sheet3"工作表。

（4）选择工作表"Sheet4"，计算学生的平均身高并将结果置于 B23 单元格内，计算学生的最常见身高并将结果置于 D23 单元格内（利用 MODE 函数），如果该学生身高为 160 厘米及以上，在备注行给出"继续锻炼"信息，如果该学生身高在 160 厘米以下，给出"加强锻炼"信息（利用 IF 函数完成），在"排名"列计算"身高"列的内容和按"身高"递减次序的排名（利用 RANK 函数）；利用条件格式将 E3:E22 单元格区域内容为"加强锻炼"的单元格字体颜色设置为红色；将 A2:D23 单元格区域格式设置为套用表格格式"表样式浅色 5"。

6. 在"习题-项目 5"中打开题号对应的文件夹，按照以下要求完成操作。

（1）打开工作簿文件"EXCEL.xlsx"。

① 将工作表"Sheet1"的 A1:C1 单元格区域合并为一个单元格，内容水平居中，计算数量的"总计"以及"所占比例"列的内容（所占比例=数量/总计，百分比型，保留小数点后两位），将工作表命名为"人力资源情况表"。

② 选取"人力资源情况表"的"人员类型"列（A2:A6 单元格区域）和"所占比例"列（C2:C6 单元格区域）的内容，建立"分离型饼图"，系列产生在"列"，设置数据标签格式，标签选项为"百分比"，在图表上方插入图表标题，命名为"人力资源情况图"，将其插入表的 A9:E19 单元格区域内。

（2）打开工作簿文件"EXA.xlsx"，对工作表"数据库技术成绩单"内数据内容进行分类汇总（分类汇总前请先按主要关键字"系别"升序排列），分类字段为"系别"，汇总方式为"平均值"，汇总项为"考试成绩""实验成绩""总成绩"（汇总数据设为数值型，保留小数点后两位），将汇总结果显示在数据下方，工作表名不变，工作簿名不变。

7. 在"习题-项目 5"中打开题号对应的文件夹，按照以下要求完成操作。

（1）打开"EXCEL.xlsx"文件，将"Sheet1"工作表的 A1:M1 单元格区域合并为一个单元格，内容为水平居中；计算全年平均值列的内容（数值型，保留小数点后两位），计算"最高值"和"最低值"行的内容（利用 MAX 函数和 MIN 函数，数值型，保留小数点后两位）；将 A2:M5 单元格区域的格式设置为套用表格格式"表样式浅色 2"，将工作表命名为"经济增长指数对比表"，保存"EXCEL.xlsx"文件。

（2）选取"经济增长指数对比表"的 A2:L5 单元格区域的内容建立"带数据标记的堆积折线图"（系列产生在"行"），图表标题为"经济增长指数对比图"，设置 Y 轴刻度最小值为 50、最小值为 210、主要刻度单位为 20、分类（X 轴）交叉于 50；将图插入工作表的 A8:L20 单元格区域内，保存"EXCEL.xlsx"文件。

8. 在"习题-项目 5"中打开题号对应的文件夹，按照以下要求完成操作。

（1）打开"EXCEL.xlsx"。

① 将"Sheet1"工作表的 A1:D1 单元格区域合并为一个单元格，内容水平居中；计算员工的"平均年龄"并将结果置于 D13 单元格内（数值型，保留小数点后 1 位）；

计算学历为"本科""硕士""博士"的人数并将结果置于F5:F7单元格区域(利用COUNTIF函数)。

② 选取"学历"列(E4:E7单元格区域)和"人数"列(F4:F7单元格区域)的内容建立"簇状水平圆柱图"(系列产生在"列"),在图表上方插入图表标题"员工学历情况统计图",图例位置靠上,设置数据系列格式图案内部背景颜色为"纯色填充",填充颜色为"水绿色,强调文字颜色5,淡色60%";将图插入工作表的A15:F28单元格区域内,将工作表命名为"员工学历情况统计表",保存"EXCEL.xlsx"文件。

（2）打开工作簿文件"EXC.xlsx",根据工作表"产品销售情况表"内数据内容建立数据透视表,设置行为"产品名称"、列为"季度"、数据为"销售额（万元）"求和布局,并置于现工作表的I5:M10单元格区域,工作表名不变,保存"EXC.xlsx"工作簿。

9. 在"习题-项目5"中打开题号对应的文件夹,按照要求完成以下操作。

（1）打开"EXC.xlsx"文件。将"Sheet1"工作表的A1:D1单元格区域合并为一个单元格,水平对齐方式设置为居中;计算各种设备的销售额（销售额=单价*数量,单元格格式数字分类为货币,货币符号为¥,小数位数为0),计算销售额的总计（单元格格式数字分类为货币,货币符号为¥,小数位数为0);将工作表命名为"设备销售情况表"。

（2）打开"EXC.xlsx"文件。选取"设备销售情况表"的"设备名称"和"销售额"两列的内容（总计行除外）建立"簇状棱锥图",X轴为设备名称。图表标题为"设备销售情况图",不显示图例,网格线分类（X）轴和数值（Z）轴显示主要网格线,设置图的背景格式图案区域的渐变填充颜色类型是单色,颜色是深紫（自定义标签RGB值为红色：128,绿色：0,蓝色：128),将图表插入工作表的A9:E22单元格区域内。

10. 在"习题-项目5"中打开题号对应的文件夹,按照以下要求完成操作。

（1）打开"EXCEL.xlsx"文件,将"Sheet1"工作表的A1:E1单元格区域合并为一个单元格,内容水平居中;计算"乘车时间"（乘车时间=到站时间-开车时间),将A2:E6单元格区域的底纹颜色设置为红色、底纹图案类型和颜色分别设置为6.25%灰色和黄色,将工作表命名为"列车时刻表",保存"EXCEL.xlsx"文件。

（2）打开工作簿文件"EXC.xlsx",对工作表"计算机专业成绩单"内数据内容进行自动筛选,条件为"数据库原理、操作系统、体系系统三门课程的成绩均大于或等于75分",对筛选后的内容按主要关键字"平均成绩"的降序次序和次要关键字"班级"的升序次序进行排序,保存"EXC.xlsx"文件。

项目 6

PowerPoint
2010 应用

实训目的：

1. 掌握使用 PowerPoint 2010 制作演示文稿的方法，将幻灯片用于学术交流、产品展示；

2. 掌握演示文稿视图的使用和幻灯片的基本操作（版式、插入、移动、复制和删除）；

3. 掌握幻灯片的基本制作方法（文本、图片、艺术字、形状、表格等插入及其格式化）；

4. 掌握幻灯片放映的运行与控制操作演示文稿放映设计（动画设计、放映方式、切换效果）；

5. 掌握演示文稿主题选用与幻灯片背景设置的方法。

实训内容：

1. 通过任务 6.1，掌握设计模板的应用、幻灯片的切换、动画方案的应用、幻灯片的隐藏、图片的添加、超链接的设置等操作；

2. 通过任务 6.2，掌握幻灯片的背景设置、动画的应用、使用 Excel 文件创建图表等操作；

3. 通过任务 6.3，掌握幻灯片母版的应用、背景的设置、动作按钮的设置、声音的添加等操作。

任务 6.1　设置"操作系统简介"演示文稿

打开 PowerPoint 2010 文件"操作系统简介.pptx"，按下列格式编排要求进行操作。

1. 应用主题及超链接设置的有关操作

任务布置：将所有幻灯片应用"波形"主题，并为第 1 张幻灯片的文本"Unix 操作系统"设置超级链接，使放映时单击此链接可跳转到第 3 张幻灯片。在第 1 张幻灯片的备注区插入文本"单击超链接可以实现直接跳转"。

任务实施：

（1）单击【设计】选项卡的【主题】组的下拉按钮，在弹出的下拉列表中选择"波形"主题，将其应用到所有幻灯片上，如图 6-1 所示。

（2）在第 1 张幻灯片上选择文本"Unix 操作系统"，单击【插入】选项卡的【链接】组的【超链接】按钮。弹出【插入超链接】对话框，在【链接到】栏中选择"本文档中的位置"选项，在【请选择文档中的位置】栏中选择"3. Unix 操作系统"，单击【确定】按钮完成超链接的设置，如图 6-2 所示。

图 6-1 | 【主题】组的下拉列表

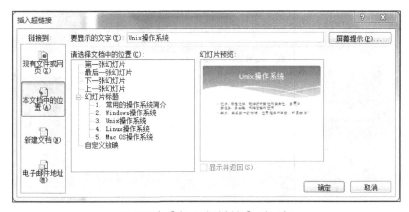

图 6-2 | 【插入超链接】对话框

（3）选择第 1 张幻灯片，在编辑窗口下方的备注栏中输入"单击超链接可以实现直接跳转"，如图 6-3 所示。

图 6-3 | 备注栏设置

2．标题字体格式及自定义动画效果的有关操作

任务布置：将第 1 张幻灯片标题的字体设置为"隶书"、字号"50"，应用"向右偏移"阴影样式，在单击时，延时 3 秒后，以慢速、棋盘方式进入幻灯片。

任务实施：

（1）在第 1 张幻灯片中，选择标题文本，在【开始】选项卡的【字体】组中分别设置文本字体为"隶书"、字号"50"。单击【绘图工具】—【格式】选项卡的【艺术字样式】组中的【文本效果】下拉按钮，在下拉列表中选择【阴影】子列表中的"向右偏移"样式，将其应用到标题上，如图 6-4 所示。

图 6-4 ｜【文本效果】下拉列表

（2）选择标题文本，单击【动画】选项卡的【动画】组中的下拉按钮，在弹出的下拉列表中选择【更多进入效果】选项，弹出【更改进入效果】对话框，选择"棋盘"进入效果，单击【确定】按钮，如图 6-5 所示。

（3）单击【动画】选项卡的【高级动画】组中的【动画窗格】按钮，打开【动画窗格】面板，可以看到标题文本的棋盘动画效果已添加到【动画窗格】列表框。根据题意，要设置在单击时，延时 3 秒后，以慢速方式进入幻灯片，因此在【动画窗格】列表框用鼠标右键单击标题文本动画，在弹出的快捷菜单中选择【效果选项】命令，弹出【棋盘】对话框，选择【计时】选项卡，如图 6-6 所示。在【开始】栏中设置开始方式为"单击时"，在【期间】栏中选择"慢速（3 秒）"，在【延迟】栏中输入"3"，单击【确定】按钮完成设置。

图 6-5 │【更改进入效果】对话框

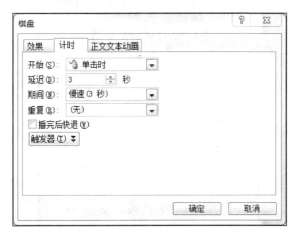

图 6-6 │【棋盘】对话框设置

3. 插入艺术字及文本效果设置的有关操作

任务布置：在第 2 张幻灯片中插入样式为"渐变填充—青色，强调文字颜色 6，内部阴影"的艺术字"Windows 操作系统"，文本效果为"转换—波形 2"，艺术字位置为"水平：5 厘米，自：左上角；垂直：2 厘米，自：左上角"。

任务实施：

（1）选中第 2 张幻灯片，单击【插入】选项卡的【文本】组中的【艺术字】下拉按钮，在弹出的下拉列表中选择"渐变填充—青色，强调文字颜色 6，内部阴影"的艺术字样式，如图 6-7 所示。

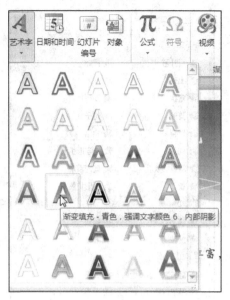

图 6-7 | 【艺术字】下拉列表

（2）在新插入的艺术字文本框中输入文本"Windows 操作系统"，在【艺术字样式】组中的【文本效果】下拉列表中选择【转换】子列表中的"波形 2"，如图 6-8 所示。

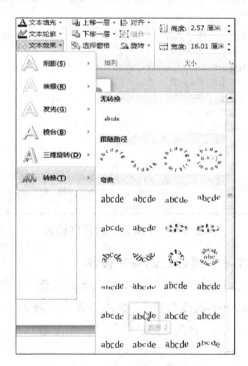

图 6-8 | 【文本效果】下拉列表

（3）选择艺术字，单击鼠标右键，打开【设置形状格式】对话框，在【位置】栏中设置"水平：5 厘米，自：左上角；垂直：2 厘米，自：左上角"，单击【关闭】按钮完成设置，如图 6-9 所示。

图 6-9 | 【设置形状格式】对话框

4. 幻灯片切换方案及幻灯片隐藏的有关操作

任务布置：将第 3 张幻灯片的切换方案设置为"溶解"，放映时隐藏第 4 张幻灯片。设置所有幻灯片的放映类型为"观众自行浏览（窗口）"，放映选项为"循环放映，按 Esc 键终止"。

任务实施：

（1）选中第 3 张幻灯片，单击【切换】选项卡的【切换到此幻灯片】组中的下拉按钮，在弹出的下拉列表中选择"溶解"方案，如图 6-10 所示。单击任务窗格右上角的【关闭】按钮，将其关闭。

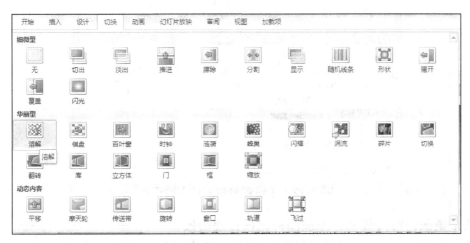

图 6-10 | 【切换到此幻灯片】下拉列表

（2）在幻灯片视图中，用鼠标右键单击第 4 张幻灯片，在弹出的快捷菜单中选择【隐藏幻灯片】命令，如图 6-11 所示。或者单击【幻灯片放映】选项卡的【设置】组中的【隐藏幻灯片】按钮，也可实现在放映时隐藏第 4 张幻灯片。

图 6-11｜选择【隐藏幻灯片】命令

（3）单击【幻灯片放映】选项卡的【设置】组中的【设置幻灯片放映】按钮，在打开的【设置放映方式】对话框中设置幻灯片的【放映类型】为【观众自行浏览（窗口）】、【放映选项】为【循环放映，按 Esc 键终止】，如图 6-12 所示。

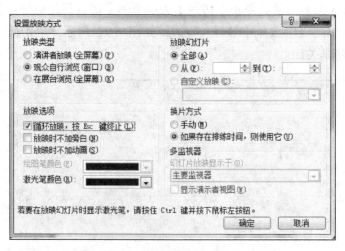

图 6-12｜【设置放映方式】对话框

5. 更改幻灯片版式，添加图片，设置超链接

任务布置：将第 5 张幻灯片的版式改为"两栏内容"，并在内容框中插入"Pt601.jpg"

图片文件，在该图上建立超链接，单击此链接可跳转到第 1 张幻灯片。

任务实施：

（1）选中第 5 张幻灯片，单击【开始】选项卡的【幻灯片】组的【版式】下拉按钮，在弹出的下拉列表中选择"两栏内容"版式，将其应用到幻灯片上，如图 6-13 所示。

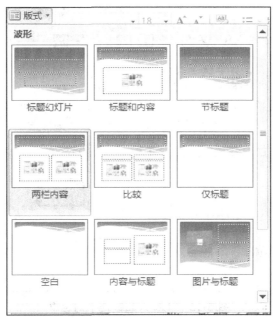

图 6-13 | 【版式】下拉列表

（2）在幻灯片右边的内容框内，单击【插入来自文件的图片】按钮，弹出【插入图片】对话框，选择图片"Pt601.jpg"所在位置，单击【插入】按钮，将图片添加到幻灯片中，如图 6-14 所示。

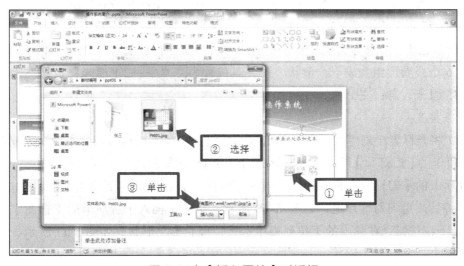

图 6-14 | 【插入图片】对话框

（3）选择插入的图片，单击鼠标右键，在弹出的快捷菜单中选择【超链接】命令。弹出【插入超链接】对话框，在【链接到】栏中选择【本文档中的位置】选项，在【请选择文档中的位置】栏中选择"1.常用的操作系统简介"，单击【确定】按钮完成超链接的设置，如图 6-15 所示。

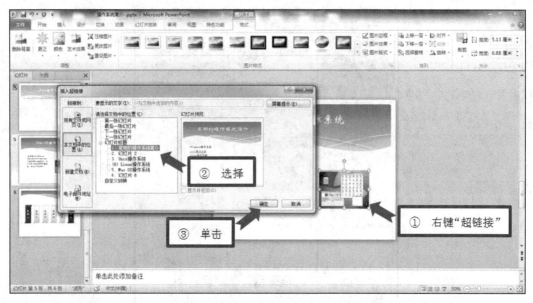

图 6-15 │【插入超链接】对话框

6. 创建新幻灯片及形状编辑设置的有关操作

任务布置：在文档末尾插入一张新幻灯片，版式为"空白"。自左至右插入 6 个"竖卷形"形状（每个形状都为高度 7.2 厘米、宽度 3 厘米），设置最左侧形状的水平位置为"自左上角 2 厘米"，最右侧形状的水平位置为"自左上角 20 厘米"。设置 6 个形状的对齐方式为"横向分布"及"底端对齐"。其中，最左侧和最右侧的竖卷形的形状轮廓为"6 磅"，且形状填充为"胡桃"纹理，其余竖卷形的形状样式为"细微效果—金色，强调颜色 5"，在每个形状中添加竖排文字"星期一～星期六"（楷体、28 磅、红色）。然后将 6 个竖卷形组合成一个形状，并使其位置为"水平：2.1 厘米，自：左上角；垂直：6.45 厘米，自：左上角"。

任务实施：

（1）将光标置于幻灯片末尾，单击鼠标右键，选择【新建幻灯片】命令；或在【开始】选项卡的【幻灯片】组中选择【新建幻灯片】选项，新建一张空白幻灯片。单击【开始】选项卡的【幻灯片】组中的【版式】下拉按钮，在弹出的下拉列表中选择"空白"版式，将其应用到幻灯片上，如图 6-16 所示。单击【插入】选项卡的【插图】组中的【形状】下拉按钮，在弹出的下拉列表中选择"竖卷形"形状，如图 6-17 所示，自左至右插入 6 个"竖卷形"形状。

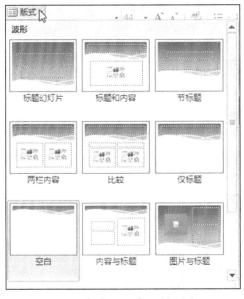

图 6-16 |【版式】下拉列表   图 6-17 |【形状】下拉列表

（2）选择"竖卷形"形状，单击鼠标右键，选择【设置形状格式】命令，打开【设置形状格式】对话框，在【大小】栏中设置"高度：7.2 厘米，宽度：3 厘米"，用相同方法设置其余"竖卷形"形状的大小。选中最左侧"竖卷形"形状，单击鼠标右键，选择【设置形状格式】命令，打开【设置形状格式】对话框，在【位置】栏中设置"水平：2 厘米，自：左上角"，如图 6-18 所示；用相同方法设置最右侧形状位置为"水平：20厘米，自：左上角"。

图 6-18 |【设置形状格式】对话框

（3）按住【Ctrl】键同时单击鼠标左键选中 6 个竖卷形，单击【绘图工具】—【格式】选项卡的【排列】组中的【对齐】下拉按钮，在下拉列表中设置对齐方式为【横向分布】及【底端对齐】，如图 6-19 所示。

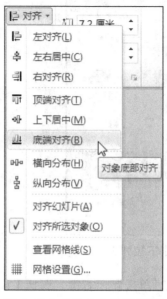

图 6-19 | 【对齐】下拉列表

（4）按住【Ctrl】键的同时选择最左侧和最右侧的竖卷形，单击【绘图工具】—【格式】选项卡的【形状样式】组中的【形状轮廓】下拉按钮，在下拉列表中设置形状轮廓为"6磅"，如图 6-20 所示。单击【绘图工具】—【格式】选项卡的【形状样式】组中的【形状填充】下拉按钮，在下拉列表中设置形状填充为"胡桃"纹理，如图 6-21 所示。

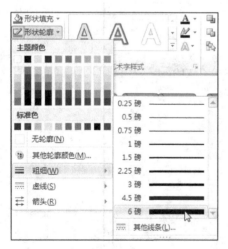

图 6-20 | 【形状轮廓】下拉列表

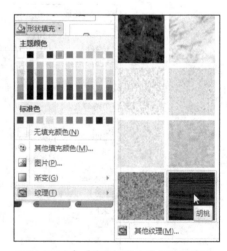

图 6-21 | 【形状填充】下拉列表

（5）按【Ctrl】键同时单击鼠标左键选中除最左和最右外的其他 4 个竖卷形，打开【绘图工具】—【格式】选项卡的【形状样式】下拉列表，设置形状样式为"细微效果—金色，强调颜色 5"，如图 6-22 所示。

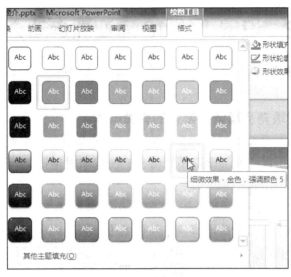

图 6-22 │【形状样式】下拉列表

（6）从左到右依次选中竖卷形，单击鼠标右键，在弹出的菜单中选择【编辑文字】命令，如图 6-23 所示，依次输入"星期一～星期六"。选择编辑后的文字，在【开始】选项卡的【字体】组中设置文字为楷体、28 磅、红色。按【Ctrl】键同时单击鼠标左键选中所有竖卷形，单击鼠标右键，在弹出的菜单中选择【组合】子菜单中的【组合】命令，如图 6-24 所示；或单击【绘图工具】—【格式】选项卡的【排列】组中的【组合】按钮，即可将 6 个竖卷形组合成一个形状。选中组合后的竖卷形，单击鼠标右键，选择【设置形状格式】命令，打开【设置形状格式】对话框，在【位置】栏中设置"水平：2.1 厘米，自：左上角；垂直：6.45 厘米，自：左上角"。保存并关闭演示文稿。

图 6-23 │ 选择【编辑文字】命令

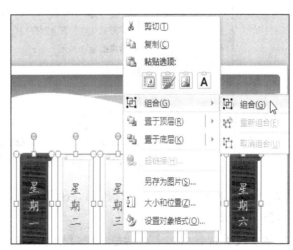

图 6-24 │ 选择【组合】命令

任务 6.2 设置"第 18 届亚洲运动会"演示文稿

打开 PowerPoint 2010 文件"第 18 届亚洲运动会.pptx",按下列格式编排要求进行操作。

1. 幻灯片背景填充及超链接设置的有关操作

任务设置:设置所有幻灯片的背景填充为"粉色面巾纸"样式,并为第 1 张幻灯片的文本"口号、会徽和吉祥物"设置超级链接,使放映时单击此链接可跳转到第 3 张幻灯片。

任务实施:

(1)单击【设计】选项卡的【背景】组中的【背景样式】下拉按钮,在弹出的下拉列表中选择【设置背景格式】选项,弹出【设置背景格式】对话框。在【填充】栏中选中【图片或纹理填充】选项,如图 6-25 所示。

图 6-25 |【设置背景格式】对话框

(2)单击【纹理】右侧的下拉按钮,在弹出的下拉列表中选择"粉色面巾纸"样式,如图 6-26 所示。

返回【设置背景格式】对话框,根据题意,要将此设置应用于所有幻灯片,可单击【全部应用】按钮,将其应用到所有幻灯片上,然后单击【关闭】按钮关闭对话框。

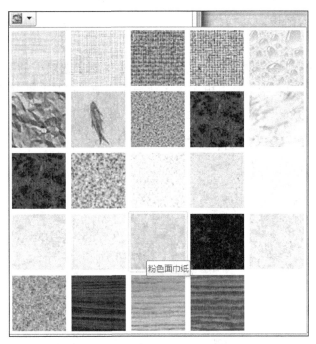

图 6-26 | 选择纹理样式

（3）选中第 1 张幻灯片上的文本"口号、会徽和吉祥物"，单击【插入】选项卡的【链接】组中的【超链接】按钮。弹出【插入超链接】对话框，在【链接到】栏中选择"本文档中的位置"选项，在【请选择文档中的位置】栏中选择"3. 口号、会徽和吉祥物"，单击【确定】按钮完成超链接的设置，如图 6-27 所示。

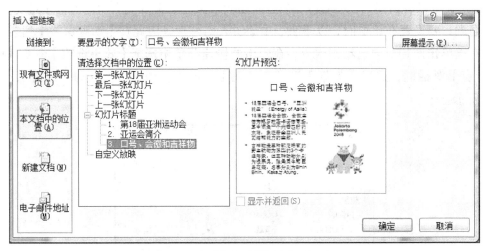

图 6-27 |【插入超链接】对话框

2. 自定义动画效果的有关操作

任务布置：将第 3 张幻灯片右下方的吉祥物图片的自定义动画效果设置为"百叶窗、垂直、中速"效果。将第 3 张幻灯片标题的动画设置为"棋盘"效果，效果选项为"下"。

动画顺序为先标题后图片。

任务实施：

（1）选中第 3 张幻灯片的吉祥物图片，单击【动画】选项卡的【动画】组中的下拉按钮，在弹出的下拉列表中选择【更多进入效果】选项，打开【更改进入效果】对话框，选择"百叶窗"动画效果，单击【确定】按钮，如图 6-28 所示。

图 6-28 |【更改进入效果】对话框

（2）单击【动画】选项卡的【高级动画】组中的【动画窗格】按钮，打开【动画窗格】面板，可以看到图片的"百叶窗"进入动画效果已经添加到【动画窗格】列表框中。根据题意，要设置在单击时，以垂直、中速进入幻灯片，因此在【动画窗格】列表框用鼠标右键单击图片对象的动画效果，在弹出的快捷菜单中选择【效果选项】命令。打开【百叶窗】对话框，选择【效果】选项卡，在【方向】栏中设置方向为"垂直"，如图 6-29 所示。

图 6-29 |【百叶窗】对话框的【效果】选项卡设置

（3）选择【计时】选项卡，在【开始】栏中选择"单击时"，在【期间】栏中选择"中速（2 秒）"，单击【确定】按钮，如图 6-30 所示。

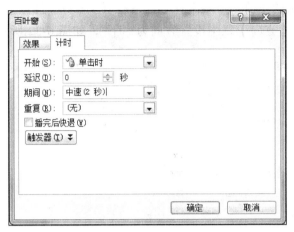

图 6-30 |【百叶窗】对话框的【计时】选项卡设置

（4）选中第 3 张幻灯片的标题，单击【动画】选项卡的【动画】组中的下拉按钮，在弹出的下拉列表中选择【更多进入效果】选项，打开【更改进入效果】对话框，选择"棋盘"动画效果，单击【确定】按钮，如图 6-31 所示。

图 6-31 |【更改进入效果】对话框

（5）单击【动画】选项卡的【高级动画】组中的【动画窗格】按钮，打开【动画窗格】面板，可以看到图片的棋盘进入动画效果已经添加到【动画窗格】列表框中。根据题意，要设置效果选项为"下"，因此在【动画窗格】列表框用鼠标右键单击图片对象的动画效果，在弹出的快捷菜单中选择【效果选项】命令。打开【棋盘】对话框，选择【效果】选项卡，在【方向】栏中设置方向为"下"，如图6-32所示。

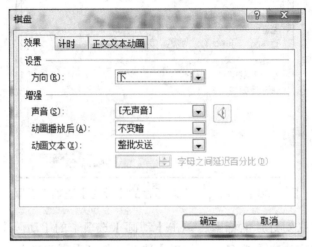

图 6-32｜【棋盘】对话框的【效果】选项卡设置

（6）选择【计时】选项卡，在【对动画重新排序】栏中设置"向前移动"，即可完成标题和图片的动画顺序对调，如图6-33所示。

图 6-33｜【计时】选项卡设置

3. 幻灯片项目符号设置的有关操作

任务布置：将第1张幻灯片中项目符号的大小改为"150%字高"、颜色改为"蓝色"（自定义标签选择红色：0、绿色：0、蓝色：255）。

任务实施：

（1）选中第1张幻灯片项目符号所在的文本，单击【开始】选项卡的【段落】组中的【项目符号】下拉按钮，在弹出的下拉列表中选择【项目符号和编号】选项。弹出【项目符号和编号】对话框，在【大小】栏中输入"150"。单击【颜色】栏中的下拉按钮，在弹出的下拉列表中选择"其他颜色"选项，弹出【颜色】对话框，选择【自定义】选项卡，选择【颜色模式】栏中的内容为"RGB"，分别在【红色】【绿色】【蓝色】栏中输入数值"0""0""255",如图 6-34 所示。

图 6-34 | 【颜色】对话框

（2）单击【确定】按钮。返回【项目符号和编号】对话框，单击【确定】按钮，完成设置，如图 6-35 所示。

图 6-35 | 【项目符号和编号】对话框

4．导入 Excel 文件的有关操作

任务布置：在演示文稿末尾添加"标题和内容"版式幻灯片，标题区输入"奖牌统计"，图表区导入 Excel 工作簿"pt602.xlsx"中的"奖牌统计"工作表，选择 C1:E2 单元格区域的数据建立分离型饼图图表，图表的其他设置取默认值。

任务实施：

（1）将鼠标定位在第 3 张幻灯片之后，单击【开始】选项卡的【幻灯片】组中的【新建幻灯片】下拉按钮，在弹出的下拉列表中选择"标题和内容"版式，即添加第 4 张幻灯片，版式为"标题和内容"。在幻灯片的标题占位符里输入相应的标题文本，单击幻灯片内容框里的"插入图表"按钮，弹出【插入图表】对话框，选择所需要的"分离型饼图"，单击【确定】按钮，如图 6-36 所示。

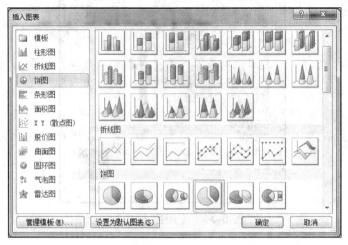

图 6-36 | 【插入图表】对话框

（2）幻灯片中即生成相应类型的图表，同时弹出"Microsoft PowerPoint 中的图表"的 Excel 窗口，窗口中显示样本数据表。根据题意要导入 Excel 工作簿"pt602.xlsx"中的"奖牌统计"工作表，选择 C1:E2 单元格区域的数据建立图表，所以这里需要打开"pt602.xlsx"中的"奖牌统计"工作表，选择 C1:E2 单元格区域的数据并复制，将其粘贴到"Microsoft PowerPoint 中的图表"的 Excel 窗口中，然后单击 PowerPoint 文档【图表工具】—【格式】选项卡的【数据】组中的【切换行/列】按钮，最后将"pt602.xlsx"窗口关闭，依据数据表中的数据而生成的图表即显示在幻灯片中，如图 6-37、图 6-38所示。保存并关闭演示文稿。

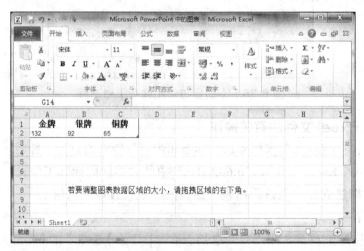

图 6-37 | 替换了数据的"Microsoft PowerPoint 中的图表"的 Excel 窗口

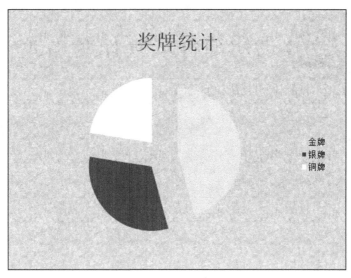

图 6-38 | 生成的图表

 # 任务 6.3　设置"海洋学院简介"演示文稿

打开 PowerPoint 2010 文件"海洋学院简介.pptx"，按下列格式编排要求进行操作。

1. 幻灯片母版设置的有关操作

任务布置：通过母版设置使所有幻灯片的标题格式为"楷体、字号 48"、所有幻灯片的左上角显示"Pt603.jpg"图片。在幻灯片母版的日期区插入可自动更新的当前日期（格式为 YYYY/MM/DD），在数字区插入幻灯片编号。

任务实施：

（1）单击【视图】选项卡的【母版视图】组中的【幻灯片母版】按钮，切换到幻灯片母版编辑模式；选中标题占位符，在【开始】选项卡的【字体】组中设置【字体】为"楷体"、【字号】为"48"。单击【插入】选项卡的【图像】组中的【图片】按钮，在弹出的【插入图片】对话框中选择"Pt603.jpg"图片，单击【插入】按钮，将图片添加到母版，将其调整到幻灯片左上角，如图 6-39 所示。设置完成后，单击【幻灯片母版】选项卡的【关闭】组中的【关闭母版视图】按钮，切换到幻灯片模式下，可以看到母版中的效果都应用到了演示文稿中的幻灯片里。

（2）单击【视图】选项卡的【母版视图】组中的【幻灯片母版】按钮，切换到幻灯片母版编辑模式下，单击【插入】选项卡的【文本】组中的【页眉和页脚】命令，弹出【页眉和页脚】对话框。选择【幻灯片】选项卡，选中【日期和时间】复选框，并选中【自动更新】单选按钮，在其下拉列表框内选择"YYYY-MM-DD"格式。在对话框下方选中【幻灯片编号】复选框，单击【全部应用】按钮完成设置，如图 6-40 所示。设置完成后，单击【幻灯片母版】选项卡的【关闭】组中的【关闭母版视图】按钮，切换到幻灯片模式下，可以看到母版中的效果都应用到了演示文稿中的幻灯片里。

图 6-39 | 幻灯片母版视图

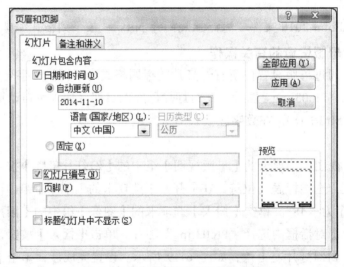

图 6-40 | 【页眉和页脚】对话框

2．幻灯片切换设置的有关操作

任务布置：将所有幻灯片放映时的切换方式设置为"形状、菱形"，每隔 3 秒自动换页。

任务实施：

（1）单击【切换】选项卡的【切换到此幻灯片】组中的下拉按钮，在弹出的下拉列表中选择"形状"方式，如图 6-41 所示。

（2）单击【切换】选项卡的【切换到此幻灯片】组中的【效果选项】下拉按钮，在弹出的下拉列表中选择"菱形"效果，如图 6-42 所示。

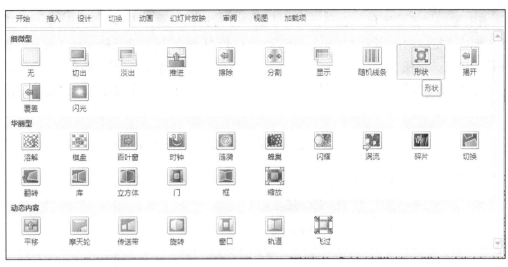

图 6-41 │【切换到此幻灯片】下拉列表

（3）在【切换】选项卡的【计时】组中的【换片方式】栏中取消选中【单击鼠标时】复选框，选中【设置自动换片时间】复选框，设置时间为 3 秒，单击【全部应用】按钮完成设置，如图 6-43 所示。

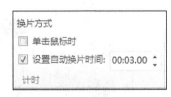

图 6-42 │【效果选项】下拉列表　　　　图 6-43 │【计时】组

3. 幻灯片的背景颜色设置的有关操作

任务布置：设置幻灯片的背景格式为纯色填充，颜色为水绿色（自定义标签设置为红色：114、绿色：197、蓝色：197），并应用于所有幻灯片。将最后一张幻灯片的背景格式修改为"渐变填充—雨后初晴"。

任务实施：

（1）单击【设计】选项卡的【背景】组中的【背景样式】下拉按钮，在弹出的下拉列表中选择【设置背景格式】命令，弹出【设置背景格式】对话框。在【填充】栏中选中【纯色填充】单选按钮，如图 6-44 所示，单击【颜色】栏的下拉按钮，在弹出的下拉列表中选择"其他颜色"选项，弹出【颜色】对话框，选择【自定义】选项卡，选择【颜色模式】栏中的内容为"RGB"，分别在【红色】【绿色】【蓝色】栏中输入数值"114""191""197"，如图 6-45 所示，单击【确定】按钮。返回【设置背景格式】对话框，单击【全部应用】按钮，将其应用到所有幻灯片上。单击【关闭】按钮关闭对话框，完成设置。

图 6-44｜【设置背景格式】对话框

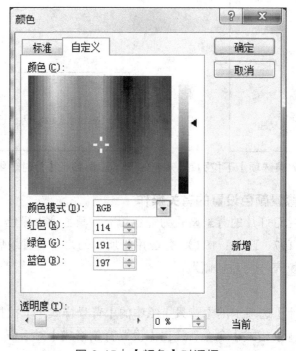

图 6-45｜【颜色】对话框

（2）选中最后一张幻灯片，单击【设计】选项卡的【背景】组中的【背景样式】按钮下拉，在弹出的下拉列表中选择【设置背景格式】命令，弹出【设置背景格式】对话框。在【填充】栏中选中【渐变填充】单选按钮，在预设颜色中选择"雨后初晴"，单击【关闭】按钮，如图 6-46 所示。

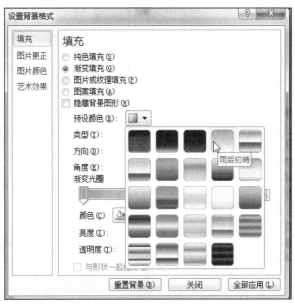

图 6-46 | 选择渐变填充

4. 添加声音及动作按钮设置的有关操作

任务布置：在最后一张幻灯片的下端中间插入声音文件"Pt604.mid"（放映时自动播放），在该幻灯片的右下角添加"开始动作按钮"，使放映时单击即返回第 1 张幻灯片。

任务实施：

（1）选中第 4 张幻灯片，单击【插入】选项卡的【媒体】组中的【音频】下拉按钮，在弹出的下拉列表中选择【文件中的音频】命令。弹出【插入声音】对话框，浏览"Pt604.mid"所在的位置，选中该文件，单击【插入】按钮，在幻灯片中即出现喇叭图标。根据题意，要自动播放，这里单击【音频工具】—【播放】选项卡的【音频选项】组中的【开始】下拉按钮，选择"自动"，如图 6-47 所示。

图 6-47 | 【音频选项】组

（2）单击【插入】选项卡的【插图】组中的【形状】下拉按钮，在弹出的下拉列表中选择最后一排的动作按钮，如图 6-48 所示。这里单击选择第 3 个"动作按钮：开始"

动作按钮，鼠标指针呈现十字形。在幻灯片右下角位置拖动绘制一个按钮图形。此时会弹出【动作设置】对话框，选择【单击鼠标】选项卡，选中【超链接到】单选按钮，在其下拉列表框中选择"第一张幻灯片"选项，单击【确定】按钮完成设置，如图 6-49 所示。保存并关闭演示文稿。

图 6-48 | 动作按钮　　　　　　　　图 6-49 | 【动作设置】对话框

实训小结：

本项目通过 3 个实训任务，帮助学生掌握运用 Power Point 2010 制作电子演示文稿的方法，熟悉在演示文稿中应用各媒体对象，应用动画效果、背景设置、设计主题来美化演示文稿，通过创建超链接、设置放映方式来控制演示文稿的放映等操作。

 操作习题

1. 打开演示文稿"pt601.pptx"，按下列要求完成对此文稿的修饰并保存。

（1）将第 1 张幻灯片副标题的动画效果设置为"进入—自左侧，切入"；将第 2 张幻灯片版式改变为"垂直排列标题与文本"；在演示文稿的最后插入一张"仅标题"幻灯片，输入"细说生活得失"。

（2）使用演示文稿设计中的"暗香扑面"主题来修饰全文。将全部幻灯片的放映方式设置为"在展台浏览（全屏幕）"。

2. 打开演示文稿"pt602.pptx"，按下列要求完成对此文稿的修饰并保存。

（1）在演示文稿开始处插入一张版式为"标题幻灯片"的新幻灯片，作为演示文稿的第 1 张幻灯片，主标题输入"诺基亚 NOKIA"，中英文分为两行，设置中文为"楷体、加粗、60 磅"、英文为"Tahoma、60 磅"，全部为蓝色（自定义标签中的红色：0、绿色：0、蓝色：255）。设置第 2 张幻灯片的背景填充为"渐变填充"、"预设颜色"为"心如止水"、类型为"线性"、方向为"线性对角—左上到右下"。

（2）在第三张幻灯片的剪贴画区域插入有关地图的剪贴画。

3．打开演示文稿"pt603.pptx"，按下列要求完成对此文稿的修饰并保存。

（1）在第 1 张幻灯片的文本部分输入"北京应急救助预案"，并将文字设置为"倾斜、加下划线、居中"，文本动画设置为"进入—飞入、自底部"。将艺术字"基本生活费价格变动应急救助"的动画设置为"进入—擦除、自顶部"。第一张幻灯片的动画顺序为先艺术字后文本。在第 4 张幻灯片的标题文本"启动应急救助预案"上设置超链接，链接对象是第 2 张幻灯片；设置第 3 张幻灯片的背景填充为"渐变填充"、"预设颜色为"为"金乌坠地"、类型为"线性"、方向为"线性向下"。在第 3 张幻灯片备注区插入文本"应急救助方式 3"。

（2）使用"波形"主题修饰全文，设置放映方式为"演讲者放映（全屏幕）"。

4．打开演示文稿"pt604.pptx"，按下列要求完成对此文稿的修饰并保存。

（1）将第 2 张幻灯片的版式改为"空白"。插入一张幻灯片作为第 1 张幻灯片，版式为"标题幻灯片"，输入主标题文字"鸭子漂流记"，副标题文字为"遇风暴玩具鸭坠海"。将主标题的字体设置为"黑体"，字号设置为 65 磅，加粗。副标题字体设置为"仿宋"，字号为 31 磅，颜色为红色（自定义标签的红色：250、绿色：0、蓝色：0）。

（2）删除第 2 张幻灯片。全部幻灯片切换效果为"溶解"。设置母版，使每张幻灯片的左下角出现文字"玩具鸭坠海"，这个文字所在的文本框的位置为"水平：3.4 厘米，度量依据：左上角，垂直：17.4 厘米，度量依据：左上角"，其字体为"黑体"、字号为 15 磅。

5．打开演示文稿"pt605.pptx"，按下列要求完成对此文稿的修饰并保存。

（1）选择第 1 张幻灯片，主标题文字输入"太阳系是否存在第十大行星"，其字体为"黑体"，字号为 61 磅，加粗，颜色为红色（自定义标签的红色：250、绿色：0、蓝色：0）。副标题输入"'齐娜'是第十大行星？"，其字体为"楷体"，字号为 39 磅。将第 4 张幻灯片的图片插到第 2 张幻灯片的右侧内容区域。在第 3 张幻灯片的右侧内容区域插入有关"科学"的剪贴画，且剪贴画动画设置为"进入—百叶窗、水平"。将第 1 张幻灯片的背景填充预设为"碧海青天"、类型为"矩形"、方向为"从左上角"。

（2）删除第 4 张幻灯片。设置全部幻灯片切换效果为"擦除-自右侧"。

6．打开演示文稿"pt606.pptx"，按下列要求完成对此文稿的修饰并保存。

（1）使用"跋涉"主题修饰全文，设置全部幻灯片切换效果为"溶解"。

（2）将第 1 张幻灯片的版式改为"两栏内容"，将第 3 张幻灯片中文本第 1 段移到第 1 张幻灯片的右侧文本部分，左侧内容区域插入有关地图的剪贴画。将第 3 张幻灯片的版式改为"两栏内容"，文本设置字体为"楷体"，字号为 19 磅，颜色为红色（自定义标签的红色：250、绿色：0、蓝色：0），将第 2 张幻灯片的图片移到第 3 张幻灯片右侧区域，图片动画设置为"进入""随机线条""水平"。在第 2 张幻灯片中插入样式为"填充-白色，轮廓-强调文字颜色 1"的艺术字"最活跃的十大科技公司"，位置为"水平：3 厘米，度量依据：左上角，垂直：5 厘米，度量依据：左上角"。

7. 打开演示文稿"pt607.pptx"，按下列要求完成对此文稿的修饰并保存。

（1）在第 1 张幻灯片中插入样式为"填充—无，轮廓—强调文字 2"的艺术字"京津城铁试运行"，位置为"水平：6 厘米，度量依据：左上角，垂直：7 厘米，度量依据：左上角"。将第 2 张幻灯片的版式改为"两栏内容"，在右侧文本区输入"一等车厢票价不高于 70 元，二等车厢票价不高于 60 元。"，右侧文本设置为"楷体、47 磅"。将第 4 张幻灯片的图片复制到第 3 张幻灯片的内容区域。在第 3 张幻灯片的标题文本"列车快速舒适"上设置超链接，链接对象是第 2 张幻灯片。在第 3 张幻灯片备注区插入文本"单击标题，可以循环放映。"。删除第 4 张幻灯片。

（2）设置第 1 张幻灯片的背景填充为"渐变填充"、"预设颜色"为"金乌坠地"、类型为"线性"、方向为"线性向下"。将幻灯片放映方式改为"演讲者放映"。

8. 打开演示文稿"pt608.pptx"，按下列要求完成对此文稿的修饰并保存。

（1）设置母版，使每张幻灯片的左下角出现文字"携带流感病毒动物"（在占位符中添加），这个文字所在的文本框的位置为"水平：3 厘米，度量依据：左上角，垂直：17.4 厘米，度量依据：左上角"，且文字设置为 13 磅。在第 1 张幻灯片前插入一张版式为"标题幻灯片"的新幻灯片，主标题输入"哪些动物将流感病毒传染给人？"，副标题区域输入"携带流感病毒的动物"，主标题设置为"楷体、39 磅、黄色（自定义选项卡的红色：240、绿色：230、蓝色：0）"。将第 3 张幻灯片的版式改为"内容与标题"，文本设置为 19 磅，将第 2 张幻灯片左侧的图片移到第 3 张幻灯片的内容区域。将第 4 张幻灯片的版式改为"内容与标题"，文本设置为 21 磅，将第 2 张幻灯片右侧的图片移到第 4 张幻灯片的内容区域。第 3 张的幻灯片的图片动画均设置为"进入""飞入""自左侧"，动画顺序为先文本后图片。删除第 2 张幻灯片。

（2）将第 4 张幻灯片的版式改为"垂直排列标题与文本"，并使之成为第 2 张幻灯片。设置全部幻灯片切换效果为"溶解"。

9. 打开演示文稿"pt610.pptx"，按下列要求完成对此文稿的修饰并保存。

（1）使用"凤舞九天"主题修饰全文，设置全部幻灯片切换方案为"棋盘"，效果选项为"自顶部"。

（2）将第 3 张幻灯片的版式改为"两栏内容"，标题为"你一个月赚多少钱才饿不死？"，左侧文本字体设置为"仿宋"，在右侧内容区插入素材图片"pt605.png"，图片动画设置为"进入""翻转式由远及近"。在第 3 张幻灯片前插入版式为"标题和内容"的新幻灯片，内容区插入 8 行 2 列的表格。第 1 行的第 1～2 列依次输入"档次"和"城市及月薪"，第 1 列的第 2～8 行依次输入"一档""二档"……"七档"。其他单元格内容按第 1 张和第 2 张幻灯片的相应内容填写。标题为"全国城市月薪分档情况"。移动第 4 张幻灯片，使之成为第 1 张幻灯片。删除第 2 张幻灯片。第 2 张幻灯片的标题为"全国月薪分为七档"。在第 1 张幻灯片前插入版式为"标题幻灯片"的新幻灯片，主标题为"你一个月赚多少钱才饿不死？"，副标题为"全国城市月薪分为七档"。

项目 7
安全密码与 NCRE 网络报名

实训目的：

1. 理解密码设置与破解的基本原理，掌握安全密码设置要领；
2. 掌握 NCRE 网络报名的注意事项和正确操作流程。

实训内容：

1. 通过任务 7.1，理解密码设置与破解的基本原理，学习使用文件密码破解软件"ARCHPR Pro 4.54"进行密码暴力破解和字典破解的方法，掌握安全密码设置要领；

2. 通过任务 7.2，掌握通过网络进行账号注册、设置安全密码、上传符合要求的个人照片、网络支付等 NCRE 自主报名的正确操作。

 # 任务 7.1 密码破解与安全密码设置

1. 密码相关知识学习

任务布置：当今世界是数字化的世界，人们不可避免地会与各种各样的密码打交道，且次数越来越多。作为一位接受高等教育的当代大学生，有必要理解密码构成的基本要素，掌握安全密码的设计技巧。下面首先了解并掌握密码学相关理论知识。

任务实施：

密码学相关理论知识介绍如下。

（1）密码字符的长度与密码强度正相关

长度为 1 位的纯数字构成的密码，最多只需要尝试 10 次就可将之破解，大样本情况下的破解平均只需要尝试 5 次。如果密码的长度为 2 位纯数字，最多只需要尝试 100 次即可破解，大样本情况下的破解平均只需要尝试 50 次，以此类推。显而易见，密码的长度越长，安全性就越高。

（2）密码长度相同前提下，构成密码的字符集个数与密码强度呈正相关

如果密码的长度为 1 位，且由纯小写字母构成，那密码就有 26 种可能。如果密码的长度增长到 2 位，还是由纯小写字母构成，这样的两位密码就有 26×26=676 种组合；2 位纯小写字母构成的密码明显比 2 位纯数字密码更安全。所以，在相同的密码长度条件下，构成密码的字符集个数越多，密码就越安全。

（3）"安全密码"的概念

在密码的长度达到一定的位数，同时构成密码的字符集个数足够多的条件下，不同排列组合所构成的密码个数将是个天文数字，逐一尝试的暴力破解模式就成为"不可能"，这就是"安全密码"的概念。通常所说的"安全密码"，要求密码长度至少为 8 位，且必须同时包含大写字母、小写字母、数字和特殊符号，以保证构成密码的字符集个数足够多，符合上述条件的字符集个数为 26+26+10+32=94。用此字符集组成的八位"安全密码"，不同排列组合所构成的密码个数为 94^8，大约是 6 千万亿个。

如果用普通计算机对 8 位的"安全密码"进行暴力破解，需要超过一年的时间，这

样的密码在一般应用领域基本上可以认为是"安全的";但是如果用运算速度达到数亿亿次每秒的超级计算机来破解它,只需要数秒的时间。即使面对超级计算机这样强大的对手,只需要把上述"安全密码"的位数提升到 16 位、32 位或者更高,也能让超级计算机望而却步。用运算速度达到两亿亿次每秒的超级计算机来暴力破解 16 位的"安全密码",大概需要几个"纪"的时间。

(4)防范字典破解

有的密码长度达到或者超过 8 位,构成密码的字符集也足够复杂,满足上述"安全密码"的要求,但还是被轻易破解了。这是因为在破解密码的时候,除了逐一尝试的暴力破解方法外,还有一种字典破解方法。"字典破解"就是事先收集人们平常使用概率高的一些密码片段,包括各种单词、词组、常用短语、英文缩写、汉字拼音首字母串、吉祥数字等,还包括针对特定个人的生日、各种纪念日、手机号、座机号、车牌号、门牌号(包括其亲友的相关信息)等,再利用软件把这些信息进行有机的排列组合形成"密码字典"。"密码字典"中的密码个数也很庞大,可以达到数千万个、数十亿个甚至更多,但相对于长密码的排列组合个数而言是很小的集合。最后,用"密码字典"的内容逐一进行碰撞尝试,虽不能保证密码破解一定成功,但可以极大地提高对高强度密码的破解速度和破解概率。

例如,"I_love_you1314"这样一个长度为 14 位的"安全密码",按不同排列组合所构成的密码个数是 94^{14},约等于 $4*10^{27}$,是个不折不扣的天文数字。但这个密码包含"密码字典"中常见的字符集 "I" "love" "you" "1314",极易遭受"字典破解"。

相对于暴力攻击而言,字典攻击对密码具有更强大的威胁。只要掌握密码设计的要领,字典攻击是可以有效避免的。

(5)"安全密码"设计要领

"安全密码"要求密码长度至少为 8 位,且必须同时包含大写字母、小字字母、数字和特殊符号,以保证构成密码的字符集个数足够多。同时要认识到,符合上述要求的"安全密码"也不是绝对安全的。即使用最笨的暴力破解方法,只要有足够快的运算速度、足够长的时间,所有的"安全密码"最终都是可以破解的。在数字世界里,没有绝对的安全可言,所谓"安全"是指当破解密码所花费的代价已远远超出破解密码后可得到的利益,这时密码就是"安全"的。

设计个人密码时,应尽可能避免使用"密码字典"可能收集到的字符或字符串作为自己密码的组成部分。密码 "I_love_you1314" 就是典型的易受"字典破解"方法攻陷的不安全密码。真正的"安全密码"应该是可记忆的、安全的且不易受"字典破解"攻击的。例如,"Cfhy+Tlmy0"就是相对安全的密码,它的长度为 10 位且同时包含四种字符集,完全符合"安全密码"的设计要求;同时它不包含常用密码字典的构成项,不易受到"字典破解"的攻击。

总之,在掌握安全密码设计要领的前提下,还需要根据自己的个人实际情况,认真思考,设计出便于记忆、真正安全的密码。

2. 对加密文件进行密码破解

任务布置：打开"素材-任务7.1"文件夹，对已加密文件的分别进行密码破解操作，通过解密操作体验构成密码的字符集大小及密码长度这两个基本因素对密码安全强度的影响，同时对比暴力破解和字典破解两种方式在攻击效率上的显著区别。

加密密码的有关提示信息请参看各加密压缩文件内部的文本文件名，要求使用文件夹中的文件密码破解软件"ARCHPR_PRO 4.54"对加密压缩文件的密码进行暴力破解及字典破解，观察破解所用时长和破解所得密码，将上述信息记录到文件"安全密码验证记录表.docx"中的相应位置。

任务实施：

（1）破解加密压缩文件"机密1-1.zip"

① 双击打开软件"ARCHPR Professional Edition.exe"，单击主界面的【打开】按钮，选择待解密文件"机密1-1.zip"；根据加密压缩文件内部的文本文件名"6位—小写字母—KEY—机密1-1.txt"所提示信息，在软件主界面的【长度】选项卡中设置【最小口令长度】和【最大口令长度】均为"6"字符；在软件主界面的【范围】选项卡中选中【所有小写拉丁文（a-z）】复选框，如图7-1～图7-3所示。

图 7-1 | ARCHPR 软件主界面【打开】按钮

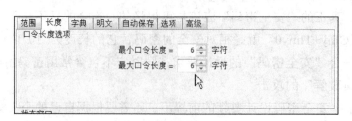

图 7-2 | 【长度】选项卡设置

图 7-3 | 【范围】选项卡设置

② 单击软件主界面【开始】按钮进行密码暴力破解，破解成功后的显示界面如图 7-4 所示；将破解所用时长和破解所得密码记录到文件"安全密码验证记录表.docx"中的相应位置，单击【确定】按钮返回。

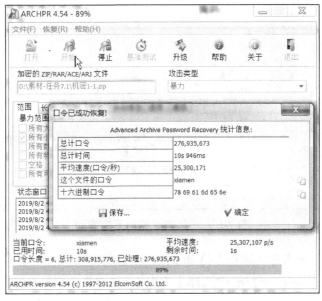

图 7-4 | 破解成功后的界面

（2）破解加密压缩文件"机密 1-2.zip"

① 暴力破解。双击打开软件"ARCHPR Professional Edition.exe"，单击主界面的【打开】按钮选择待解密文件"机密 1-2.zip"；根据加密压缩文件内部的文本文件名"6位-大小写字母-KEY-机密 1-2.txt"所提示信息，在软件主界面的【长度】选项卡中设置【最小口令长度】和【最大口令长度】均为"6"字符；在软件主界面的【范围】选项卡中选中【所有小写拉丁文（a-z）】和【所有大写拉丁文（A-Z）】复选框，如图 7-5 所示。

图 7-5 | 【范围】选项卡设置

单击软件主界面【开始】按钮进行密码暴力破解，破解成功后的显示界面如图 7-6 所示；将破解所用时长和破解所得密码记录到文件"安全密码验证记录表.docx"中的相应位置，单击【确定】按钮返回。

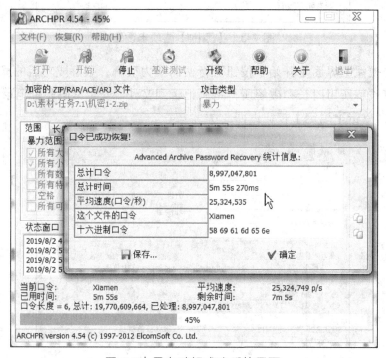

图 7-6 | 暴力破解成功后的界面

② 字典破解。单击主界面的【打开】按钮选择待解密文件"机密 1-2.zip"；在软件主界面【攻击类型】项的下拉框中选择【字典】；在软件主界面的【字典】选项卡中选择【字典文件路径】为"黑客密码字典.dic"；取消选中【字典】选项卡中其他复选框，如图 7-7 所示。

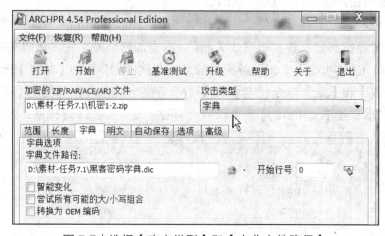

图 7-7 | 选择【攻击类型】和【字典文件路径】

单击软件主界面的【开始】按钮进行密码暴力破解，破解成功后的显示界面如图 7-8 所示；将破解所用时长和破解所得密码记录到文件"安全密码验证记录表.docx"中的相应位置，单击【确定】按钮返回。

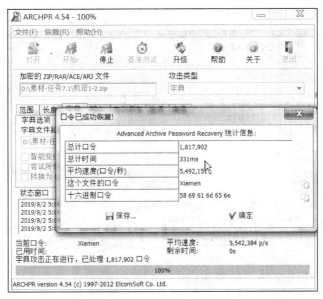

图 7-8 | 字典破解成功后的界面

对比以上两种破解方法，可以得出"在破解成功的情形下，字典破解具有较高的效率"的结论。

（3）破解加密压缩文件"机密 2-1.zip"

具体操作步骤略。请参照（1）破解加密压缩文件"机密 1-1.zip"的流程进行操作。

（4）破解加密压缩文件"机密 2-2.zip"

① 暴力破解。此文件的加密密钥是长达 13 位的纯数字，请参照（1）破解加密压缩文件"机密 1-1.zip"的流程进行操作，暴力破解预计用时超过 4 天，单击【停止】按钮返回。

② 字典破解。单击主界面的【打开】按钮选择待解密文件"机密 2-2.zip"；在软件主界面的【攻击类型】项的下拉框中选择【字典】；在软件主界面的【字典】选项卡选择【字典文件路径】为"黑客密码字典-自定义.dic"；取消选中【字典】选项卡中其他复选框，单击【开始】按钮进行字典破解，实现秒破，如图 7-9 所示。

对比以上两种破解方法，可以得出"在破解成功的情形下，字典破解具有较高的效率"的结论。

（5）破解加密压缩文件"机密 3.zip"

具体操作步骤略，请参照（1）破解加密压缩文件"机密 1-1.zip"的流程进行操作。

（6）破解加密压缩文件"机密 4.zip"

具体操作步骤略，请参照（1）破解加密压缩文件"机密 1-1.zip"的流程进行操作。

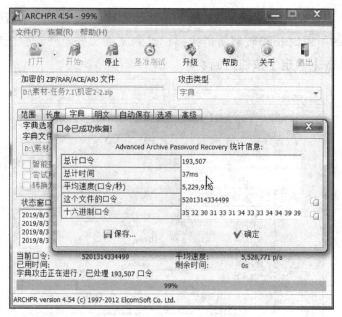

图 7-9 | 以字典破解方法实现秒破长密码

（7）破解加密压缩文件"机密 5.zip"

具体操作步骤略，请参照（1）破解加密压缩文件"机密 1-1.zip"的流程进行操作。

（8）破解加密压缩文件"机密 6.zip"

① 暴力破解。具体操作步骤略，请参照（1）破解加密压缩文件"机密 1-1.zip"的流程进行操作。

② 字典破解。具体操作步骤略，请参照（4）破解加密压缩文件"机密 2-2.zip"—"②字典破解"的流程进行操作。

（9）破解加密压缩文件"绝密 7.zip"

① 暴力破解。具体操作步骤略，请参照（1）破解加密压缩文件"机密 1-1.zip"的流程进行操作。

② 字典破解。具体操作步骤略，请参照（4）破解加密压缩文件"机密 2-2.zip"—"②字典破解"的流程进行操作。

（10）破解加密压缩文件"绝密 8.zip"

① 暴力破解。双击打开软件"ARCHPR Professional Edition.exe"，单击主界面的【打开】按钮选择待解密文件"绝密 8.zip"；根据加密压缩文件内部的文本文件名"8 位-大小写字母数字及特殊符号的强密码-KEY-绝密 8.txt"所提示信息，在软件主界面的【长度】选项卡中设置【最小口令长度】和【最大口令长度】均为"8"字符；在软件主界面的【范围】选项卡中选中【所有小写拉丁文（a-z）】【所有大写拉丁文（A-Z）】【所有数字（0-9）】和【所有特殊符号（! @...）】复选框；单击软件主界面的【开始】按钮进行密码暴力破解，软件主界面下方的【剩余时间】项显示"多于一年"，如图 7-10 所示；单击【停止】按钮返回。

② 字典破解。单击主界面的【打开】按钮选择待解密文件"绝密 8.zip";在软件主界面的【攻击类型】项的下拉框中选择【字典】;在软件主界面的【字典】选项卡选择【字典文件路径】为"黑客密码字典-自定义.dic";取消选中【字典】选项卡中其他复选框,单击【开始】按钮进行字典破解,实现秒破,如图 7-11 所示。

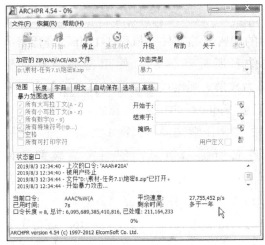

图 7-10 | 安全密码难以暴力破解

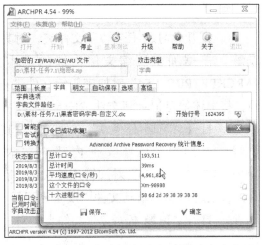

图 7-11 | 以字典破解方法实现秒破安全密码

对比以上两种破解方法,可以得出"在破解成功的情形下,字典破解具有较高的效率"的结论。针对难以用暴力破解方法实现破解的长密码、"安全密码",使用字典破解是最佳选择。此时,破解的关键是密码字典的选取应尽可能完整、有效。

任务 7.2 NCRE 网络报名流程及注意事项

全国计算机等级考试（National Computer Rank Examination,NCRE）是经教育部批准,由教育部考试中心主办,面向社会,用于考查应试人员计算机应用知识与技能的全国性计算机水平考试体系。它以应用能力为主,划分等级,分别考核,为人员择业、人才流动提供其计算机应用知识与能力水平的证明。NCRE 等级考试证书得到社会广泛认可。

任务 7.2

本书在 Windows 的文件系统及基本操作、IE 浏览器的使用、Outlook 邮件处理软件的使用及 Word 2010、Excel 2010、PowerPoint 2010 办公软件的使用等章节内容的编写上紧扣 NCRE 一级 MS Office 模块的考试大纲要求。教程使用者在掌握上述内容的前提下,完全有能力报名并考取相应的 NCRE 证书,以作为对课程学习的验证和总结。有关 NCRE 网络报名流程及注意事项详细内容请扫描二维码获取相关文档。

实训小结:

本项目通过 2 个实训任务,帮助学生练习使用文件密码破解软件 ARCHPR Pro 4.54 进行密码暴力破解和字典破解的操作,验证了密码的长度越大,安全性也就越高;在相同的密码长度条件下，构成密码的字符集个数越多，密码的安全性也就越高。通过详细演练在 NCRE 报名网站进行账号注册、安全密码设置、上传符合要求的个人照片、网络支付等操作和了解报名注意事项，掌握 NCRE 网络自主报名的正确操作流程。

 ## 操作习题

1. 打开"习题-任务 7"文件夹，对其中的加密压缩文件"机密 1-1.zip"进行密码破解。根据加密压缩文件内部的文本文件名所提示信息，使用密码破解软件"ARCHPR_PRO 4.54"对加密压缩文件进行暴力破解，观察破解所用时长和破解所得密码，将上述信息记录到文件"安全密码验证记录表.docx"中的相应位置。

2. 打开"习题-任务 7"文件夹，对其中的加密压缩文件"机密 1-2.zip"进行密码破解。根据加密压缩文件内部的文本文件名所提示信息，使用密码破解软件"ARCHPR_PRO 4.54"对加密压缩文件进行暴力破解，观察破解所用时长和破解所得密码，将上述信息记录到文件"安全密码验证记录表.docx"中的相应位置。

3. 打开"习题-任务 7"文件夹，对其中的加密压缩文件"机密 1-3.zip"进行密码破解。根据加密压缩文件内部的文本文件名所提示信息，使用密码破解软件"ARCHPR_PRO 4.54"对加密压缩文件进行暴力破解，观察破解所用时长和破解所得密码，将上述信息记录到文件"安全密码验证记录表.docx"中的相应位置。

4. 打开"习题-任务 7"文件夹，对其中的加密压缩文件"机密 2.zip"，按要求完成如下操作。

（1）根据加密压缩文件内部的文本文件名所提示信息，使用密码破解软件"ARCHPR_PRO 4.54"对加密压缩文件进行暴力破解，观察破解所用时长和破解所得密码，将上述信息记录到文件"安全密码验证记录表.docx"中的相应位置。

（2）使用文件密码破解软件"ARCHPR_PRO 4.54"对加密压缩文件进行字典破解，所需字典文件"黑客密码字典.dic"存放于"习题-任务 7"文件夹中，观察破解所用时长和破解所得密码，将上述信息记录到文件"安全密码验证记录表.docx"中的相应位置。

5. 打开"习题-任务 7"文件夹，对其中的加密压缩文件"机密 3.zip"进行密码破解。根据加密压缩文件内部的文本文件名所提示信息，使用密码破解软件"ARCHPR_PRO 4.54"对加密压缩文件进行暴力破解，观察破解所用时长和破解所得密码，将上述信息记录到文件"安全密码验证记录表.docx"中的相应位置。

6. 打开"习题-任务 7"文件夹，对其中的加密压缩文件"机密 4.zip"，按要求完成如下操作。

（1）根据加密压缩文件内部的文本文件名所提示信息，使用密码破解软件"ARCHPR_PRO 4.54"对加密压缩文件进行暴力破解，观察破解所用时长和破解所得密码，将上述信息记录到文件"安全密码验证记录表.docx"中的相应位置。

（2）使用文件密码破解软件"ARCHPR_PRO 4.54"对加密压缩文件进行字典破解，所需字典文件"黑客密码字典.dic"存放于"习题-任务 7"文件夹中，观察破解所用时长和破解所得密码，记录到文件"安全密码验证记录表.docx"中的相应位置。

7. 打开"习题-任务 7"文件夹，对其中的加密压缩文件"机密 5.zip"进行密码破解。根据加密压缩文件内部的文本文件名所提示信息，使用密码破解软件"ARCHPR_PRO 4.54"对加密压缩文件进行暴力破解，观察破解所用时长和破解所得密码，记录到文件"安全密码验证记录表.docx"中的相应位置。

8. 打开"习题-任务 7"文件夹，对其中的加密压缩文件"机密 6.zip"，按要求完成如下操作。

（1）根据加密压缩文件内部的文本文件名所提示信息，使用密码破解软件"ARCHPR_PRO 4.54"对加密压缩文件进行暴力破解，观察破解所用时长和破解所得密码，记录到文件"安全密码验证记录表.docx"中的相应位置。

（2）使用文件密码破解软件"ARCHPR_PRO 4.54"对加密压缩文件进行字典破解，所需字典文件"黑客密码字典.dic"存放于"习题-任务 7"文件夹中，观察破解所用时长和破解所得密码，记录到文件"安全密码验证记录表.docx"中的相应位置。

9. 打开"习题-任务 7"文件夹，对其中的加密压缩文件"机密 7.zip"，按要求完成如下操作。

（1）根据加密压缩文件内部的文本文件名所提示信息，使用密码破解软件"ARCHPR_PRO 4.54"对加密压缩文件进行暴力破解，观察破解所用时长和破解所得密码，记录到文件"安全密码验证记录表.docx"中的相应位置。

（2）使用文件密码破解软件"ARCHPR_PRO 4.54"对加密压缩文件进行字典破解，所需字典文件"黑客密码字典.dic"存放于"习题-任务 7"文件夹中，观察破解所用时长和破解所得密码，记录到文件"安全密码验证记录表.docx"中的相应位置。

10. 打开"习题-任务 7"文件夹，对其中的加密压缩文件"机密 8.zip"，按要求完成如下操作。

（1）根据加密压缩文件内部的文本文件名所提示信息，使用密码破解软件"ARCHPR_PRO 4.54"对加密压缩文件进行暴力破解，观察破解所用时长和破解所得密码，记录到文件"安全密码验证记录表.docx"中的相应位置。

（2）使用文件密码破解软件"ARCHPR_PRO 4.54"对加密压缩文件进行字典破解，所需字典文件"黑客密码字典.dic"存放于"习题-任务 7"文件夹中，观察破解所用时长和破解所得密码，记录到文件"安全密码验证记录表.docx"中的相应位置。

11. 以两人为一组，请一位同学设计出个人安全密码，并用它加密某个文件；请另一位同学用破解软件"ARCHPR_PRO 4.54"尝试对此加密文件进行暴力破解和字典破解，以验证所设计密码的安全性。

参考文献

［1］教育部考试中心. 全国计算机等级考试一级教程--计算机基础及 MS Office 应用（2019 年版）. 北京：高等教育出版社. 2019

［2］郭健. 大学计算机基础实训教程. 北京：人民邮电出版社. 2017

［3］冉洪艳. 电脑常用工具软件标准教程. 北京：清华大学出版社. 2018